室内设计新视点·新思维·新方法丛书

丛书主编 朱淳　丛书执行主编 闻晓菁

WORLD'S ILLUSTRATED HISTORY OF INTERIOR DESIGN

中外室内设计史图说

闻晓菁 编著

化学工业出版社

·北京·

内容提要

本书以大量精美的图片，完整清晰的叙述方式，呈现出中外室内设计历史的各领域，包括与之交叉重叠的建筑艺术、材料构造、工艺美术、产品设计等内容，呈现了室内设计历史领域内的广泛性与多元化的交叉特征。

本书在设计历史的叙述过程中，注重“古为今用”、“洋为中用”，强调设计艺术与历史人文的相互关联，从古典空间到现代案例都进行详细探讨，表明设计思想植根于社会与政治环境的背景。另一方面，本书也对地方、乡村民居等空间进行分析、研究，包括民居、公寓和城市普通居民住宅等，并以当代视角来诠释发展至今的中外各种建筑室内环境设计的历史。

本书可作为高等院校室内设计、环境设计、展示设计等专业的教学用书；对各类设计的从业人员、艺术爱好者等也有较高的参考及收藏价值。

图书在版编目(CIP)数据

中外室内设计史图说 / 闻晓菁编著. -- 北京 : 化学工业出版社, 2015.1（2021.9重印）
（室内设计新视点·新思维·新方法丛书 / 朱淳丛书主编）
ISBN 978-7-122-21781-3

Ⅰ.①中… Ⅱ.①闻… Ⅲ.①室内设计—建筑史—世界—图解 Ⅳ.①TU238-091

中国版本图书馆CIP数据核字(2014)第207481号

责任编辑：徐　娟　李　健　　装帧设计：闻晓菁
封面设计：邓岱琪

出版发行：化学工业出版社（北京市东城区青年湖南街13号　邮政编码100011）
印　　装：北京虎彩文化传播有限公司
889mm × 1194mm　1/16　印张 17　字数 350千字　2021年 9月北京第1版第5次印刷

购书咨询：010-64518888　　售后服务：010-64518899
网 址：http://www.cip.com.cn
凡购买本书，如有缺损质量问题，本社销售中心负责调换。

定　　价：98.00元　

丛书序

人类对生存环境作主动的改变，是文明进化过程的重要内容。

在创造着各种文明的同时，人类也在以智慧、灵感和坚韧，塑造着赖以栖身的建筑内部空间。这种建筑内部环境的营造内容，已经超出纯粹的建筑和装修的范畴。在这种室内环境的创造过程中，社会、文化、经济、宗教、艺术和技术等无不留下深刻的烙印。因此，室内环境创造的历史，其实上包含着建筑、艺术、装饰、材料和各种营造技术的发展历史，甚至包括社会、文化和经济的历史，几乎涉及了构筑建筑内部环境的所有要素。

工业革命以后，特别是近百年来，由技术进步带来设计观念的变化，尤其是功能与审美之间关系的变化，是近代艺术与设计历史上最为重要的变革因素，由此引发了多次与艺术和设计有关的改革运动，也促进了人类对自身创造力的重新审视。从 19 世纪末的“艺术与手工艺运动”（Arts & Crafts Movement）所倡导的设计改革，直至今日对设计观念的讨论，包括当今信息时代在室内设计领域中的各种变化，几乎都与观念的变化有关。这个领域内的各种变化：从空间、功能、材料、设备、营造技术到当今各种信息化的设计手段，都是建立在观念改变的基础之上。

回顾一下并不遥远的历史，不难发现：以“艺术与手工艺”运动为开端，建筑师开始加入艺术家的行列，并像对待一幢建筑的外部一样去处理建筑的内部空间；“唯美主义运动”（Aesthetic movement）和“新艺术”运动（Art Nouveau）的建筑师和设计师们以更积极的态度去关注、迎合客户的需要。差不多同一时期（1904 年），出生纽约上层社会的艾尔西•德•华芙女士（Elsie De Wolfe），将室内装潢（interior decoration）演变成一种职业；同年，美国著名的帕森斯设计学院（Parsons School of Design）的前身，纽约应用美术学校（The New York School of Applied and Fine Arts），则率先开设了“室内装潢”（Interior Decoration）的专业课程，也是这一领域正式迈入艺术殿堂之始。在欧洲，现代主义的先锋设计师与包豪斯的师生们也同样关注这个领域，并以一种极端的方式将其纳入现代设计的范畴之内。

在不同的设计领域的专业化都有了长足进步的前提下，室内设计教育的现代化和专门化则是出现在 20 世纪的后半叶。“室内设计”（Interior Design）的这一中性的称谓逐渐替代了“室内装潢”（Interior Decoration）的称呼，其名称的改变也预示着这个领域中原本占据主导的艺术或装饰的要素逐渐被技术和功能和其他要素取代了。

时至今日，现代室内设计专业已经不再仅仅用“艺术”或“技术”即能简单地概括了。包括对人的行为、心理的研究；时尚和审美观念的了解；建筑空间类型的改变；对功能与形式新的认识；技术与材料的更新，以及信息化时代不可避免的设计方法与表达手段的更新等一系列的变化，无不在观念上彻底影响了室内设计的教学内容和方式。

由于历史的原因，中国这样一个大国，曾经在相当长的时期内并没有真正意义上的室内设计与教育。改革开放后的经济高速发展，已经对中国的设计教育的进步形成了一种“倒逼”的势态，建筑大国的地位构成了对室内设计人才的巨大的市场需求。2011年3月教育部颁布的《学位授予和人才培养学科目录》首次将设计学由原来的二级学科目录列为一级学科目录正是反映了这种日益增长的需求。关键是我们的设计教育是否能为这样一个庞大的市场提供合格的人才；室内设计教学能否跟上日新月异的变化？

本丛书的编纂正是基于这样一个前提之下。本丛书与以往类似的设计专业教材最大的区别在于：以往图书的着眼点大多基于以“环境艺术设计”这样一个大的范围，选择一些通用性强，普遍适用不同层次的课程，而忽略各不同专业方向的课程特点，因而造成图书雷同，缺乏针对性。本丛书特别注重环境设计学科下室内设计专业方向在专业教学上的特点；同时更兼顾到同一专业方向下，各课程之间知识的系统性和教学的合理衔接，因而形成有针对性的教材体系。

在丛书内容的选择上，本丛书以中国各大艺术与设计院校室内设计专业的课程设置为主要依据，并参照国外著名设计院校相关专业的教学及课程设置方案后确定。同时，在内容的设置上也充分考虑到专业领域内的最新发展，并兼顾社会的需求。本丛书涵盖了室内设计专业教学的大部分课程，并形成了相对完整的知识体系和循序渐进的教学梯度，能够适应大多数高校相关专业的教学。

本丛书在编纂上以课程教学过程为主导，以文字论述该课程的完整内容，同时突出课程的知识重点及专业的系统性，并在编排上辅以大量的示范图例、实际案例、参考图表及最新优秀作品鉴赏等内容。本丛书满足了各高等院校环境设计学科及室内设计专业教学的需求；同时也期望对众多的设计从业人员、初学者及设计爱好者有启发和参考作用。

本丛书的组织和编写得到了化学工业出版社领导和责任编辑的倾力相助。希望我们的共同努力能够为中国设计铺就坚实的基础，并达到更高的专业水准。

任重而道远，谨此纪为自勉。

朱 淳

2014年2月

目录

contents

第 1 章　营窟栖居——人类早期的生存环境

自远古时代人类文明的出现，伴随着进化与演变，原始人类的居住需求也始于这一刻。在生产力尚未发展到具备建造能力之前，不论是出于繁衍还是躲避恶劣的自然侵袭，洞穴都成为一个理想选择。利用天然洞穴的庇护空间，加上冬暖夏凉的特性，成为古代人类居住环境进化过程中的过渡居所。考古研究表明：洞穴居所之所以在人类发展史上广泛存在，一方面源于早期人类作为日常生活居所的选择，另一方面可能出于举行仪式或是记录、表达生活场所的需要。洞穴，确实是史前人类生存和发展过程中一个重要的阶段。

图 1-1　拉斯科洞穴，顶部岩画，韦泽尔峡谷洞穴群，法国

1.1　史前人类的穴居环境

作为人类生存发展的重要阶段，洞穴岩画有着特殊而重要的地位，虽然不是世界上最古老的艺术，却是研究古代人类生活最首要、最直接的记录。可以这样认为：远古洞穴的岩画艺术，应当是人类有意识地为改善自身生存环境而进行的创作。欧洲旧石器时代（Palaeolithic）的洞穴遗址，主要集中在法国西南部和西班牙北部的法兰–坎塔布利亚地区（Flam–Cantabria）。以其宏大的规模、雄伟的气魄，成为旧石器时代马格德林文化期（Magdalenian）最具代表性的作品。

图 1-2　岩画《受伤的野牛》

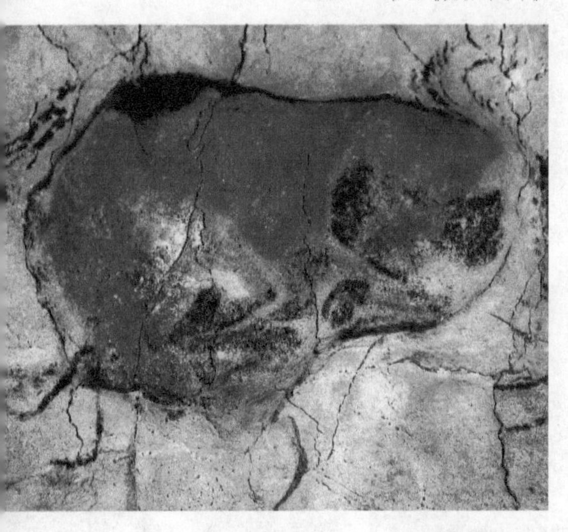

岩画《受伤的野牛》，阿尔塔米拉洞窟，西班牙桑坦德省（Altamira Cave，Santander Spain，公元前 3 万 ~ 公元前 1 万年）　图 1–2

位于西班牙桑坦德省，典型史前人类活动的遗址，因其旧石器时代晚期的古人类绘画遗迹而被归入“马格德林文化”时期。图为洞窟中最著名的岩画，长达 2m，画面描述了野牛受伤之后，表情狰狞，蜷缩一团，挣扎着企图逃脱的情景。

公牛大厅，阿尔塔米拉洞窟　图 1–3

勾勒笔法娴熟，结构表现准确有力，静态画面上展现完美的动态张力。此类洞穴壁画多表现当时的生活场景，尤其是动物形象，主要以红、黄、黑等颜色绘制，描绘最多的是牛的形象，体现原始人类对生活的真实描绘和赞美。

图 1-3　公牛大厅

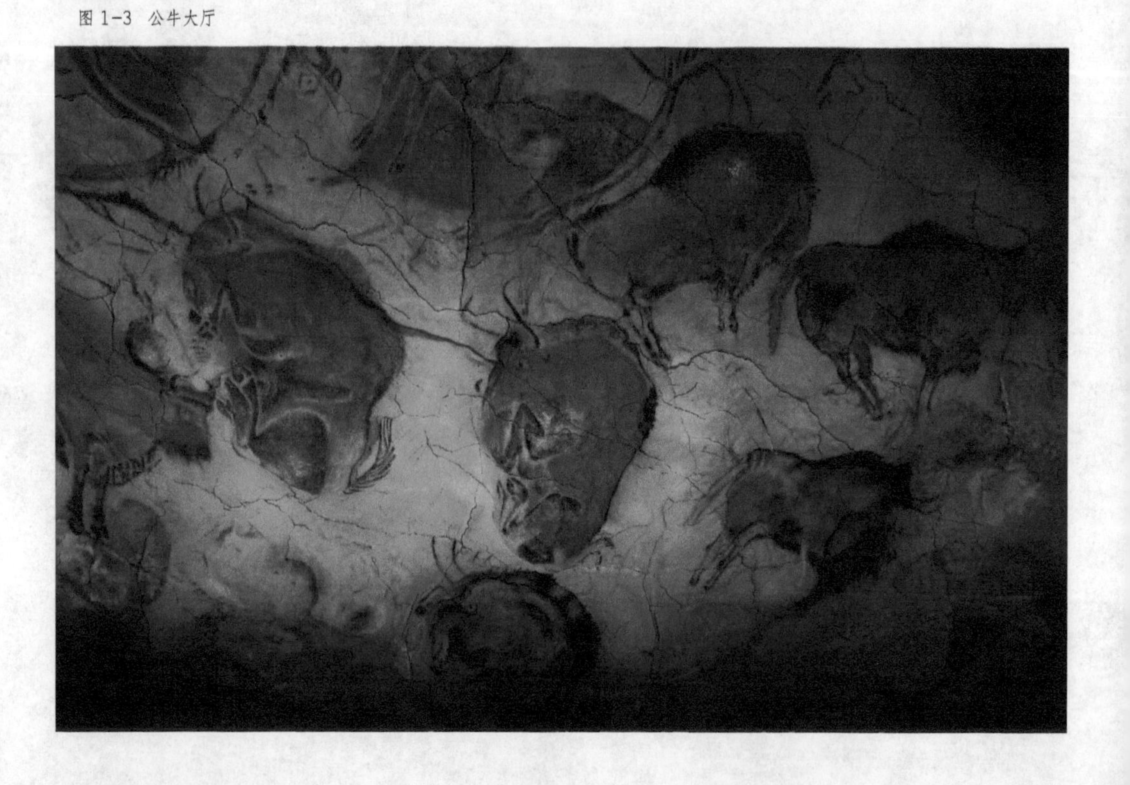

图 1-4　拉斯科洞穴岩画

关注：
　　在旧石器时代，先后有奥瑞纳期(Aurignacian)、梭鲁推期(Solutrean)和马德格林期(Magdalenian)人类生活聚居在此。1869年，考古学家马塞利诺•德桑图奥拉带着其女儿玛丽亚发现此洞穴，随后开始了大量的挖掘工作。

拉斯科洞穴岩画，韦泽尔峡谷洞穴群，法国（Lascaus，Decorated Grottoes of the Vezere Valley，France）　图 1-4

与阿尔塔米拉洞穴相似的原始人类穴居遗址，图中岩画形似中国画的马。从内容上看，当时的绘画者对动物形态十分熟悉，观察细致，下笔准确，神态逼真，配上相应的颜色，呈现出跃动的生命力和群体奔腾的气势。韦泽尔峡谷洞穴群因保存完好，被公认为迄今为止最重要的史前人类文化遗址之一，不仅证明了石器时代洞穴岩画的真实性，也为考古学家对欧洲史前时代的划分、对研究史前人类生活和居住状况提供了宝贵的依据。

1.2　人类的定居与聚集

人类为生存而走出洞穴，逐渐开始原始农业的进程。生活的稳定，生存质量的提高，加上农业和畜牧业技术的改良，显然比原先颠沛流离的狩猎方式稳定许多，促使人类开始酝酿定居的生活。定居意味着建造居住的场所，这是一个漫长的过程，原始房屋由此产生，使人类能够长时间稳定居住。从

图 1-5　加泰土丘，考古发掘现场复原的城镇场景

原始自然栖息地到固定居所，人类改善了生存环境，也进一步摆脱了对自然的依赖。人类实现固定居住，经历了一个由分散到聚集，由无序到规律的过程。原始部族的集群方式给定居带来一些有益的经验：相对集中的居住更有利于共同抵御自然侵害和危险，也有利于分享和交换从农业种植和畜牧放养中获得的有限的食物。但大规模的聚集和居住，不得不形成一些规则和约定。从原始农业的形成到自然村落的出现，几乎很难划出明显的界限。

加泰土丘考古发掘现场复原的城镇场景 图 1-5

研究认为，西亚应该是人类最早出现农业和集聚村落的地域。位于土耳其境内中南部的安纳托利亚地区，展现了最早的城镇布局：房屋如蜂窝般大小不一地整齐排列，相互间没有街道，以屋顶通行，行人需经过彼此屋顶才能到达自家，靠楼梯连接高低起伏的房屋。房屋不设门窗，仅在墙体靠近屋檐处开设通风小洞，房屋外形如同盒子，类似于烟囱作用的门洞为连接室内外的唯一通道，这种奇特的居住方式就是加泰土丘。

图 1-6 房屋内部复原场景

房屋内部复原场景，带有公牛头雕塑作为装饰，加泰土丘 图 1-6

牛作为一种祭祀或象征性动物，以装饰物或图形方式出现在羊毛地毯、壁画或装饰品。加泰土丘内也建造神室，牛的形象与宗教颇有关联，每间房间代表着不同崇拜，所装饰的内容也不同，如挂有公牛头的雕塑或女性主题图案等。

图 1-7 加泰土丘的考古发掘现场

加泰土丘的考古发掘现场，安纳托利亚，土耳其（Catal Huyuk，Anatolia，Turkey）　图 1-7

加泰土丘的活跃时期大约在 9000 年前，展示了公元前 7400 年 ~ 公元前 6200 年间新石器时代居住地的 18 个发展级别，包括壁画、浮雕、雕塑和其他具有象征性、艺术性的特质。从史前开始一直到古典时代的近东地区，这里就是与古希腊文明之间的交流往来的陆地通道，当时居民总共约 7000 人，占地约 30 英亩（约 12.1 万平方米）。

图 1-8　女性坐像

女性坐像，加泰土丘　图 1-8

岩画中已出现女性主题，包括生育内容。图中的女性坐像为遗址发掘，表现古代土耳其先民赫梯人（Hittites）的母神在两狮或两虎之间生育的情景。一定程度上表明，该时期已完成女神崇拜。

半坡遗址

位于中国陕西的半坡遗址，是国内首次发现并挖掘的大规模新石器时代村落遗址，其建筑形态与现今非洲和南洋群岛的一些民族中依旧保存的建筑形式极为相似，由此表明人类最初建筑雏形与早期洞穴颇有关联。以木构架加盖厚实土墙的做法，在窑制瓦没有出现之前成为中国房屋建造的基本方法，在中国建筑发展史上具有重要意义。

室内无特别装饰，以农业和渔猎为主的半坡人发明了锄、铲、刀、磨盘、磨棒等石制农具和镞、矛、网坠、鱼钩等渔猎工具，或许成为当时“变相”的陈设品。相反，人类自身装饰品却相当丰富，如环饰、珠饰、坠饰、方形饰、片状饰和管状饰等，用于头发、耳朵、颈部、手部和腰部位；材料丰富，多采用陶、石、骨牙、蚌、玉等，其中陶为主料。陶器上的鱼纹图案具有代表性，其中口部噙鱼的人面纹饰最具特色。此外，陶器上的图案还有可能为早期文字雏形的标志符号。

原始住宅遗址及复原图，半坡遗址，西安（公元前 3600 年）图 1-9、图 1-10

原始社会母系氏族公社村落，属新石器时代的仰韶文化。从发掘情况可推测，当时的社会体系与人类生活质量已趋于完善。村落形态以不规则椭圆形为主要构成点，中央为开阔地带，可能用以祭拜神灵或作为庆典场所，所有房屋均围绕于此划分为南北两片，包含居住区、墓葬区和制陶作坊区及其他公共空间，形成古代原始村落的雏形。圆形、方形半地穴式、地面架木结构等房屋类型，都颇具研究价值。

半坡遗址　图 1-11、图 1-12

图 1-11 为遗址区域中的墓葬区和制陶作坊区，陶瓮用来盛放遗骸。图 1-12 为圆形房子的地基，周围分布密集的柱洞，中间设有圆形灶坑。

图 1-9 原始住宅遗址，半坡遗址

图 1-10 原始住宅遗址复原图

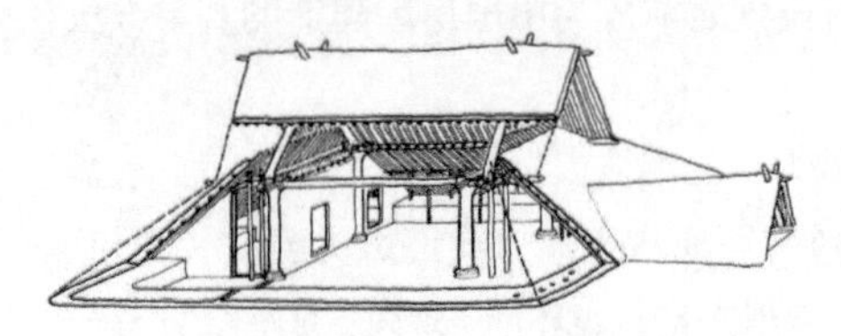

Plan and reconstruction of the quadrangular house

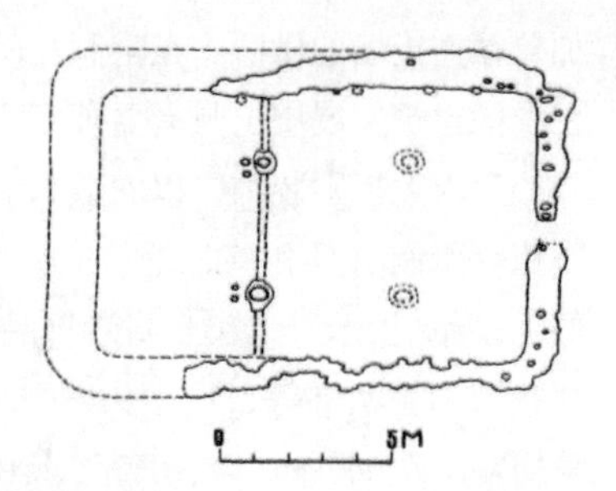

图 1-11 遗址区域中的墓葬区和制陶作坊区

图 1-12 圆形房子的地基，半坡遗址

1.3 城镇的进化

两河 [底格里斯河（Tigris）与幼发拉底河（Euphrates）] 流域孕育了早期的人类文明，人类对私有财产的占有欲促使形成了房屋的独立。此时的农业、手工业、商业的进一步发展为城镇的提供了坚实的基础，也在潜移默化之中推动了文化发展。只有在这样相对稳定的情况下，人们才会去思考另外一些问题，例如文字、语言等。我们不难发现，正是因为这些元素的巧妙组合，才使得曾经辉煌的文明能展现在世人面前。

从村落到城镇需要漫长的进化，早期在巴勒斯坦发现的纳吐夫文化（Natufian Culture，中石器与新石器文化交接时期，约公元前 11000~ 公元前 9000 年），其村落结构已体现出以家庭为单元的独立模式。发展到约旦的耶利哥（Jericho）时期，模糊的黏土房屋印迹到大型城镇出现大约历经 1000 年。矩形房屋代表了结构意识形成的新阶段，与城镇结构的形成有着重要联系，加上私有制观念的影响，使独立建筑逐渐替代早期成群联体的小型房屋。原始装饰随之形成，以土地为自然崇拜，早期色彩调配元素多来源于大地。居住条件的改善与建造方式的转变，均为美索不达米亚文明（Mesopotamia Culture）的发展奠定了重要基础。

黏土建筑遗址，耶利哥古城遗址，约旦（Jericho，Jordan，约公元前 10000 年 ~ 公元前 8000 年）　图 1-13

耶利哥城居民学会了用泥土烧制砖块，在经过处理的石制地基上建造房屋，使房屋更加坚固，圆锥形屋顶加上灰泥墙地面，虽然粗糙但坚固耐用，私有化观念因此加强。

苏美尔文明（Sumer Culture）

苏美尔的历史比埃及更久远，其文明的开端可以追溯至约公元前 4000 年。几乎所有的发掘成果都证实，苏美尔人是最先进入美索不达米亚平原的古代民族，他们开启了美索不达米亚文明。

关注：

苏美尔人创造了两河流域早期文化，包括楔形文字与第一辆带轮子的车，文化与交通工具的双重发展都促进了早期城镇化的形成。

图 1-13　耶利哥古城遗址

图 1-14　山岳台，公元前 22 世纪

山岳台，公元前 22 世纪　图 1–14

山岳台又称“吉库拉塔（Ziggurratu）”，是苏美尔宗教建筑中保存最为完好的一座。用以供奉月神吉库拉特。宗教信仰占据苏美尔文化的重要地位，神塔平面呈长方形，塔分三级，自下至上逐级变小，顶上为圣殿。砖砌规律，横竖相间，表面刷上沥青灰泥起防水作用。通过北面的三道阶梯可登上神塔，中间阶梯则为举行典礼的队伍而准备。

古巴比伦文明（Ancient Babylon）

岁月的流逝和自然风化，加上大量建筑遭遇毁坏，古巴比伦在建筑上已经很少遗留其成就，但是有一点不可否认：古巴比伦延续了苏美尔的传统。据记载，当时宫廷建筑的建造水准已经达到了“黄金时代”，既豪华又实用。除了象征皇室的神权统一之外，商业功用与生活社区也是密切相关。现存至今仍然能看到的巴比伦遗迹，始建于巴比伦第一王朝时代，即现今叙利亚的马里（Mari），又名特拉哈利利（Tell el Hariri）城内的一座皇宫。皇宫位于“吉库拉塔”所在的区域，四周均用土坯砖搭建而成，结构保存完整。其中一侧是国王接待个人所用的大厅侧房，墙面装饰为带有宗教色彩的壁画，其中最突出的一幅描绘的是马里国王与其守护神在一起的情景。

觐见室釉砖壁画，巴比伦宫殿　图 1–15

巴比伦城邦位于幼发拉底河中游，到第六任国王汉谟拉比（Hammurabi，约公元前 1792~ 公元前 1750 年在位）时期发展壮大，战神伊什塔尔 (Ishtar) 常出现于当时壁画中。图中雕刻展现正给国王授权的场面。国王穿着坠有流苏的衣裳，头带高大头饰，周围围绕各种野兽。画面经过高度概括与提炼，人物形态构成与埃及壁画有异曲同工之妙。

图 1-15　觐见室釉砖壁画

亚述文明（Assyria Culture）

亚述人在美索不达米亚历史上活动时间约为一千余年，大致可分为早期亚述、中期亚述和亚述帝国三个时期，以亚述帝国最为强盛，称雄时间从公元前 8 世纪中叶到公元前 612 年，雄踞亚洲一个多世纪，首都尼尼微（Nineveh）成为世界性大都市。

英勇善战的亚述人性格彪悍，到处发动战争，在帝国时期留下大量的石雕作品。狩猎、战争和奴隶为生活中永恒的主题。亚述人利用灰浆的黏结度，发明不必依赖模架的筒拱，并从苏美尔人手中继承了拱券和穹顶技术，体现在自身建筑上：屋顶呈高穹状和半球状，墙体用土坯或烧砖建造，门呈拱形与方形两种。我们之后看见的罗马或中东建筑，在建造技术上均可以找到这样的痕迹，它的创造对日后建筑的发展产生重大影响。

壁画釉面砖，萨艮二世皇宫　图 1-16

来自亚述文化，为显示战争带来的荣耀与辉煌，亚述人到处建造宫殿与城堡，萨艮二世皇宫建造于最辉煌的萨艮二世（公元前 721~ 公元前 705 年）时期。宫殿内以壁画和铬黄色釉面砖为主要装饰特色，内容多为歌颂历代亚述王的传奇故事。通过富丽装饰专递"尚武"精神，将亚述时期的室内艺术推向顶峰，公元前 9 世纪是亚述雕刻艺术的黄金时代，至今保存下来的浮雕大多属于这一时期。

萨艮二世皇宫门口的雕塑，今伊拉克科尔沙巴德（Palace of Sargon, Khorsabad）　图 1-17

图 1-16　壁画釉面砖，萨艮二世皇宫
图 1-17　萨艮二世皇宫门口的雕塑

古代亚述浮雕　图 1-18

图中所示国王座椅类似于太妃椅，还可见当时其他家具样式。虽难以确定其材料，但从家具造型与雕刻纹样来看，工艺制作水平已相当精美。据记载，当时宫殿内设施齐全，水井、滑轮、吊桶等供水设施可将水送达国王浴室，并带有淋浴系统，通风的格子窗用于空间对流，火炉配有轮子便于房间冬日供热，这些在今看来仍为很先进的技术。

图 1-18　古代亚述浮雕

第 2 章　经典起源——古代希腊与罗马

提及西方古典文明，古代希腊与罗马占有重要地位，其文明程度和艺术成就对整个西方世界产生深远影响。古希腊播种欧洲文明，其建筑也是西方建筑之先驱。在希腊文明前期，以爱琴海为中心的爱琴文明（Aegean Civilization）已繁荣了数百年，其中心先后位于克里特岛（Crete）和迈锡尼（Mycenaean）。爱琴文明曾经相当发达，其建筑形式和室内空间布置，均对古希腊文明时期产生一定影响。

古典时期的室内空间依然缺少现存的精确证据，缺乏能体现古希腊室内空间特征、日常生活设施的图片资料，包括在古罗马幸存的壁画中也很难见到完整的场景表现。今天所能构建的古典时期室内装饰是一个综合的结果，大部分幸存物来自意大利，从环境中保存下来的碎片和当时的描述虽不能完全展现古典室内空间，但也相对充分了，如 6~9 世纪重要的罗马室内空间用雕刻和描述的方法保存下来。

图 2-1　万神庙，内殿，罗马

2.1 古典文明的先声

古爱琴文明重要遗址克诺索斯城（Knossos）中，爱琴海地区最强大的统治者米诺斯王的宫殿。该时期以宫殿、住宅、公共浴室和作坊等世俗性建筑为主。从遗址发掘状况来看，大部分大型宫殿以石材建造，普通建筑则为土砖结构。公共生活、宗教仪式和私人生活，均围绕以柱廊连接的宫殿群落而发展。宫殿内部富于装饰，重要房间有壁画或框边纹样作为立面装饰。米诺斯时期的克里特岛上的建筑，可谓西方建筑史的开端。

迈锡尼是继克里特之后，在爱琴文明时期最强大的统治者。迈锡尼时期的建筑和米诺斯时期有很大不同：前者重防御性，后者基本不设防；前者粗犷雄伟，后者端庄华丽。但二者均是以正厅为核心的宫殿建筑群落，这对希腊建筑的发展产生深远的影响。

米诺斯王宫，内部装饰，克里特岛（Palace of Minos，Crete）　图 2-2

来自古爱琴文明重要遗址克诺索斯城（Knossos），爱琴海地区最强大的统治者米诺斯王的宫殿。米诺斯时期的建筑，以宫殿、住宅、公共浴室和作坊等世俗性建筑为主。从遗址发掘状况中可见，大部分大型宫殿以石材建造，普通建筑则为土砖结构。公共生活、宗教仪式和私人生活，均围绕以柱廊联结的宫殿群落而发展。宫殿内部富于装饰，重要房间有壁画或框边纹样作为立面装饰。米诺斯时期的克里特岛上的建筑，可谓西方建筑史的开端。

迈锡尼卫城，狮子门，迈锡尼（Lion Gate, Mycenae, 公元前 1250）　图 2-3

迈锡尼卫城的主要入口，即著名的狮子门，梁上为三角形叠涩券，券的空洞处镶着一块三角形石板，上刻一对雄狮护柱的浮雕。迈锡尼是继克里特之后，在爱琴文明时期最强大的统治者。

图 2-2　米诺斯王宫内部装饰

2.2 古典时代与维特鲁威

图 2-3 迈锡尼卫城，狮子门

古典时期的室内空间依然缺少现存的精确证据，缺乏能体现古希腊室内空间特征、日常生活设施的图片资料，包括在古罗马幸存的壁画中也很难见到完整的场景表现。今天所能构建的古典时期室内装饰是一个综合的结果，大部分幸存物来自意大利，从环境中保存下来的碎片和当时的描述虽不能完全展现古典室内空间，但也相对充分了，如 6~9 世纪重要的罗马室内空间用雕刻和描述的方法保存下来。

建筑遗迹对古代作家颇有影响，但往往只对重要的室内细节进行描述。古罗马杰出的建筑工程师维特鲁威（Vitruvii）曾设计法诺城（Fanum）的巴西利卡，又因《建筑十书》（De Architectura Libri Decem，公元前 27~ 公元前 23 年间）而闻名。维特鲁威视装饰为建筑功能的一部分，并提供大量有关住宅、室内装饰的技术材料信息。

宙斯神庙，立面图与内空间复原图，奥林匹亚，古希腊时期（Statue of Zeus，Olympia，公元前 456 年） 图 2-4、图 2-5

建筑师李班（Libon）设计，雕刻家菲迪亚斯（Pheidias）负责宙斯神，古希腊最大的神庙之一。直到公元前 86 年，罗马指挥官苏拉(Sulla)攻占雅典，破坏了尚未完成的建筑，并将一部分石柱和其他建材拆下运至罗马。希腊政体,决定了最初的建筑形制以简单实用为主，且分开独立，有别于迈锡尼文明。爱琴文明时期宫殿中的重要大殿“正厅”，影响并延续到早期古希腊神庙的平面布局。神庙内部以正厅为主体，供奉神像，主要的祭祀等宗教仪式在庙外举行，故古希腊人十分重视神庙外部装饰。

关注：

尽管建筑史的研究使我们对古典时期的室内空间有大体了解，但仍旧缺少现存的精确证据。希腊古代艺术中最重要的方面，希腊瓶画的制作者和雕塑家擅长在各自作品中描述各式家具，但从未表现整个房间的完整样式。

图 2-4 宙斯神庙，室内内空间复原图

图 2-5 宙斯神庙复原立面图

2.3 古希腊建筑与室内

柱式为神庙建筑中极其重要的因素，其形式和比例在很大程度上影响建筑的视觉效果，既是重要构件，又因装饰作用使处理方式日渐精心。古希腊三柱式包括多立克柱式（Doric Order）、爱奥尼柱式（Ionic Order）与科林斯柱式（Corinthian Order）。多立克柱式出现最早，比例粗壮，无柱础、无过渡性线脚且直接立于三级台基上，柱身有凹圆槽且槽背呈尖形，上方柱头扁平，为一个圆形托盘加一块方形盖板。柱子自下而上略有收分，具有轻微的曲线卷杀。爱奥尼柱式相对纤细柔美，比例修长，高度约为底径的 9~10 倍，柱础有细部装饰，柱身有凹圆槽且槽背呈带状，柱头有一对卷涡作为明显标志。科林斯柱式应用较晚，实质上是爱奥尼柱式的变体，两者各个部位均很相似，不同在于科林斯柱头以毛茛叶纹（Acanthus）装饰，而非卷涡纹。古希腊三柱式以科林斯装饰性最强。

图 2-6 爱奥尼柱式与多立克柱式

爱奥尼柱式与多立克柱式（Ionic Order，Doric Order） 图 2-6

科林斯柱式（Corinthian Order） 图 2-7

柱头是用毛茛叶作装饰，形似盛满花草的花篮。

图 2-7 科林斯柱式

与神庙建筑密闭的室内空间不同，古希腊其他建筑类型不注重室内的私密性与四周围合，与当代空间观念截然相反。推测原因之一，户外运动是古希腊文明的重要内容。室内装饰大量采用绘画、雕刻和纹样。镶嵌工艺也是墙、地面到拱顶必不可少的特征，并在希腊文化阶段迅速发展，早期希腊镶嵌图案以鹅卵石构成，内容包含人物形象、家具样式等。希腊室内空间少有装饰，基本以木、石材为梁，后以木材（雪松为主）为镶板装饰主料，希腊少有大树，木料装饰象征富裕。

图 2-8　希腊瓶画上的家具样式

希腊瓶画上的家具样式　图 2-8

鹅卵石镶嵌画“猎狮者”，马其顿佩拉（Pella Macedonia，希腊公元前 300 年）图 2-9

图 2-9　鹅卵石镶嵌画“猎狮者

图 2-10　史塔宾浴室室内场景

史塔宾浴室内场景，庞贝古城（Stabian Bath，Pompeii）　图 2-10

希腊室内空间少有装饰，基本以木、石材为梁，后以木材（雪松为主）为镶板装饰主料，希腊少有大树，木料装饰象征富裕。图中是多数罗马建筑中的一个有趣特例，大理石片和毛粉饰应用于砖石基，形成精美纤细的壁柱，桶状拱顶带有装饰凹槽。

2.4 古罗马建筑与室内

古罗马的建筑设计受古希腊的影响，并在统一后综合各国文化技术，从形制到体量都更加多样宏伟。罗马人发展了拱、券和穹窿等结构技术，注重空间感，不同于古希腊建筑的封闭空间，古罗马注重空间围合性，塑造独立、沉静的建筑气质。功能多样性则表现在人流集中的大型公共空间，如浴场、法庭、会议厅等。最重要的遗迹为“塞尔维托里和塔尔奎尼亚的墓葬群”（Etruscan Necropolises of Cerveteri and Tarquinia）以及丘西（Chiusi，位于意大利托斯卡纳）的宏伟墓葬。从这些墓葬中可以发现大量关于罗马人从伊特拉斯坎（Etruscan）贵族住宅继承而来的装饰信息。

塞尔维托里的墓葬，浮雕饰带（Etruscan Necropolises of Cerveteri and Tarquinia） 图 2–11

墓葬内可见带凹槽的壁柱，东方化的柱头，展现武器、头盔、花瓶、杯子、动物等灰泥浮雕饰带。此外，罗马人在用餐方面同希腊人一样，也是斜靠长椅，室内色彩明亮，表明其艺术风格受到东方与希腊的双重影响。

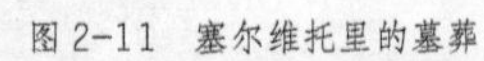

图 2-11 塞尔维托里的墓葬

萨姆尼特的住宅，中庭，赫库兰尼姆城（Samnate, Herculaneum） 图 2–12

属于富裕阶层，中庭含上层空间，上层部分由一些假柱支撑且配有栏杆，表达了罗马住宅理念。有关罗马室内空间的信息，多数直接源于被掩埋的庞贝古城（The City of Pompeii）和赫库兰尼姆城（Herculaneum）。需注意，庞贝的住宅仅表现为民用住宅，展示城镇住宅或宫殿在发展中的一个阶段。其他主要类型为郊区、乡村或海边的宫殿、别墅、楼房或城市中的公寓。民用楼房为穷苦阶层的住宅形式，通常质量低下、缺少卫生设备。但在一些较奢侈的公寓中已设有完善的卫生设备。

图 2-12 萨姆尼特的住宅，中庭

古罗马建造技术与装饰手法的集中表现

拱券穹顶：古罗马建筑的最大成就与特色，并非古罗马人首创，但罗马人极致发展了拱券结构，解决了空间跨度问题与墙体侧推力的分散，其技术支撑使古罗马具备建造大尺度建筑并创造室内空间的无限可能。

门窗构造：充分了解民居室内门窗的处理方法有助于全面认识罗马建筑与室内设计。木制百叶窗尺度小，不上漆；大型门窗以铁、石材、赤陶或小大理石块构成栅栏。罗马人对玻璃的使用较晚，但引入后发展迅速。

混凝土技术：天然混凝土在公元 2 世纪才成为独立的建筑材料，之前仅用来填充石砌基础、台基和墙垣砌体的空隙。混凝土极大促进了罗马拱券结构的发展，其迅速发展取决于几个前提条件：①开采、运输价格低于石材；②以碎石为骨料，经济轻便，益于结构；③无过高技术要求，易于奴隶砌筑。罗马城的万神庙，直径达 43.3m 的穹顶，是古代世界中最大的混凝土穹顶。

地面铺装：从简洁到繁复，富于图形。制作工序细密，先将地面夯实，铺设碎石破瓦或陶瓷片，再覆以木炭踩紧，上撒沙、石灰等混合物，很有厚度，最后以精细工艺完成地面形态。陶土在意大利铺装中应用很广，也可能是最流行的一种简便方式。

马赛克镶嵌：美观且经久耐用的墙面装饰，在公元 1 世纪得到普遍发展。罗马人对地面、墙面与拱顶的镶嵌应用做了区分，各部分有专门的名称和特点，并用于与混凝土结构时期的不同建筑类型。

图 2-13　阿尔班山丘别墅内地面拼花

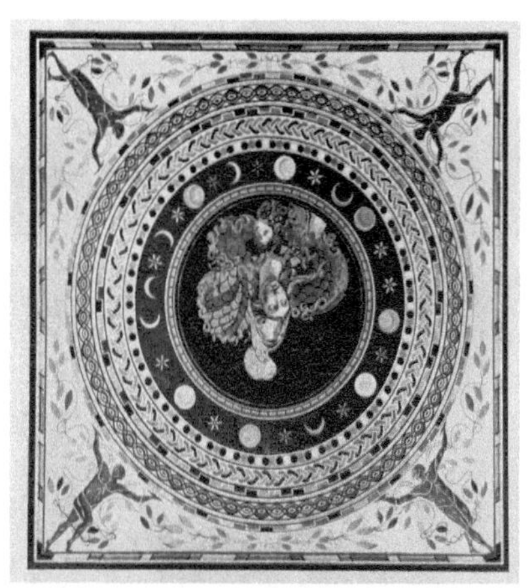

图 2-14　庞贝出土的鱼类拼图

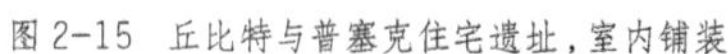

图 2-15　丘比特与普塞克住宅遗址，室内铺装

地面拼花，阿尔班山丘别墅内，罗马（Alban Hill，现存梵蒂冈博物馆）　图 2-13

拼花中的占星术样式在整个罗马室内装饰中是很普遍的，与天花形态相似，并形成关联的装饰主题。

庞贝出土的鱼类拼图，现存那不勒斯国家考古博物馆（(Museo Archeologico Nazionale，公元 79 年）　图 2-14

丘比特与普塞克住宅遗址，室内铺装，奥斯蒂亚（Cupid and Psyche，Ostia）　图 2-15

地面和墙都有大理石铺设，由一片片彩色大理石构成，编排成图案。在砖结构外部便是大片的大理石。奥古斯都统治时期，进口大理石增长迅速，意大利本国也在卡拉拉（Carrara）开设采石场。罗马当时主要的公共建筑，均采用白色、彩色大理石装饰墙面及地铺。

庞贝海王星和安菲特律特神庙，墙面拼花装饰，赫库兰尼姆（Neptune and Amphitrite，Herculaneum）　图 2–16

图 2–16　庞贝海王星和安菲特律特神庙

尼禄的八边形金殿的遗址，室内（Domus Aurea di Nerone，公元 64~ 公元 68 年）图 2–17

罗马时期最显赫的皇家住宅，公元 64 年罗马大火之后，由尼禄大帝兴建，将其穷奢极侈的脾性发挥到极致：150 个房间墙面嵌满宝石、贝壳等拼成精美壁画，天花板以象牙雕刻，外部与室内同色镀金，故称“金殿”。在混凝土的运用方法上相当领先，在石块或砖的基层上粘贴大理石、马赛克或石膏饰面，一旦水泥形成强力结构，就能进一步支撑大重量的上层混凝土结构，尼禄率先使用这种雕塑般的方式来塑造室内空间。奥古斯都时代对曲线和多边形尤为热衷，在金殿中则达到顶峰。1506 年，在此发现了拉奥孔群像（The Laocoon and his Sons）。

图 2–17　尼禄的八边形金殿的遗址

庞克拉兹的摩索拉斯墓葬，穹窿内部，罗马（Mausoleum of the Pancrazi，Pancrazi，Roam，公元 2 世纪）　图 2-18

罗马最豪华的墓葬之一，展现当时流行的灰泥浮雕，工匠以拉毛粉饰表现大面积的装饰主题：生动的形象、想象的建筑、用玫瑰花饰交错圈起扁带装饰、风景壁画等。蓝、红、紫三色在画面中占据主导，具有独创性。色彩强烈的部分与小型绘画和嵌板中的景物很好地协调，虽各有秩序，却不会削弱整体效果。

万神庙，剖面图，罗马（Pantheon，Roam，公元 118~ 公元 125 年）图 2-19

又称潘提翁神殿，建造者哈德良皇帝，罗马建筑之划时代作品。其成就体现在两个方面：①创造了最大的穹顶空间，堪称古罗马混凝土建筑技术与穹顶建筑完美结合的典范；②罗马拱券结构与希腊柱式完美的结合。万神庙被视为古罗马建筑的象征之一，穹顶直径达 43.2m，直到 20 世纪还未被超越。古希腊和罗马早期的庙宇都注重建筑外部的艺术表现，唯万神庙以内部空间为主，其内部结构的重要性已超越外部造型，体现了一种变革。

图 2-18　庞克拉兹的摩索拉斯墓葬

图 2-19　罗马万神庙剖面图

罗马万神庙，穹顶圆眼　图 2-20

穹顶的圆眼（直径为 8.2m 的采光圆孔）使阳光泻入内殿。室内各部分的比例非常谐调，圆顶直径恰好等于地面到圆眼窗的高度。室内最初装饰相当华丽，在壁龛和穹顶上都有展现，圆顶之下设有青铜藻井。17 世纪时，青铜藻井被移走并熔化，用于制作梵蒂冈圣彼得大教堂（Basilica di San Pietro in Vaticano）的内部装饰与罗马圣安杰洛城堡（Sant Angelo）的大炮。内部结构的镀金铜饰件，以简单重复的美感烙人印象，表现富丽的堆砌。圆洞设计将神像与上苍关联，所展现的宏伟使无法言传的神秘感扩大到极致。

2.5 古罗马壁画风格的演变

古罗马壁画，以庞贝古城的发掘为研究基础。伊特拉斯坎的精致住宅继承了希腊经验，护壁板围绕整个房间，包括连续的带状饰条。室内开窗很小，大面积墙面留以创作壁画，起装饰并拓展想象空间的效果。纵观壁画风格，大致可分为四种类型 。

第一种：砌体风格（Masonry Style，约公元前 2 世纪），承袭于希腊，吸收公元前 5、6 世纪“匀砌式”墙体建筑技术，以彩色灰粉绘制墙基部分凸出的部位，利用不同颜色和不同品质的大理石壁画来表现色彩效果。

第二种：建筑结构式（Architectural Style，公元前 80 年），源于希腊化时期的罗马戏剧场景。特色是在室内墙面上应用透视法绘制建筑结构，在二维平面上制造延展空间的三维效果。

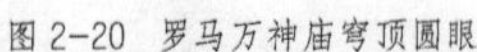
图 2-20　罗马万神庙穹顶圆眼

第三种：装璜式（Ornamental Style），古典式学院风格。与建筑结构式相反，还原墙壁本色。用单色水平和垂直线条勾画建筑装饰图框，将每片墙面分成三个图框，内嵌图画，多为神话、宗教或田园题材。墙面上方仍保留以假乱真的建筑结构装饰。

第四种：复杂式（Intricate Style），流行于克劳地亚斯（Claudius）皇帝和尼禄（Nero）时代，在第二、三种风格基础上发展而来，装饰、表现性多样广泛。用色鲜明，加上光影技法表现，充满生气与对比。另一特色是绘制舞台布景，表现戏剧内容。

弗罗东府邸，建筑结构式壁画，庞贝古城（House of M. Lucretius Fronto，Pompeii，公元前 79 年）　图 2-21

伯斯科雷阿莱的停柩室，装潢式，现存于纽约大都会艺术博物馆（Boscoreale，Metropolitan Museum of Art，New York，公元前 50 年）　图 2-22

伊克西翁的房间，复杂式，韦蒂住宅，庞贝（Lxion，Casa dei Vettii，Pompeii，公元 1 世纪）　图 2-23

结合了庞贝壁画的第四种风格，护墙板的上部仿效大理石板，可看到框架中的绘画，这些设置与视觉产生对比，犹如身临其境一般。

图 2-21　弗罗东府邸，壁画

图 2-22　伯斯科雷阿莱的停柩室
图 2-23　伊克西翁的房间

带“花园”壁画的房间，丽薇亚别墅，现藏于罗马国家博物馆（Livia，Roam，Museo Nazionale Romano，公元前1世纪） 图2-24

建筑结构式与装潢式的结合，将景观想象引入室内，创造花园、园林、树林、山坡、河流和滨岸，各部分场景简短却富有想象力。

“神秘仪式之屋”壁画，庞贝城郊，公元前50年 图2-25

位于庞贝城外别墅中的高质量绘画，可能由希腊或意大利南部画家所作，其神秘主题成为一种惯例的开端。

上过色的大理石浮雕 图2-26

图2-24 带“花园”的房间

图2-25 “神秘仪式之屋”壁画

图2-26 上过色的大理石浮雕（本页底图）

第3章　圣灵之邦——拜占庭与中世纪

公元4世纪初，古罗马帝国进入一个动荡不安的时代，罗马皇帝君士坦丁于公元330年迁都帝国东部拜占庭（Byzantium），命名“君士坦丁堡”（即今天伊斯坦布尔），试图挽救亡国危机而未果。公元395年，罗马帝国分裂为东、西两国，后西罗马灭亡，东罗马持续繁荣，基督教登上统治地位并将中心移至君士坦丁堡。在设计史上，由此展开一段风格相互抵触的时期，伴随基督教文化的发展而变化，即早期基督教设计。该时期，集中在东罗马的艺术称“拜占庭式”，日后“罗马风”（Romanesque）的出现逐渐统治中世纪欧洲。这些潮流相互交叉重叠，所谓的拜占庭与中世纪设计，便始于这片混乱与动荡。

图3-1　圣索菲亚大教堂，内殿穹顶，伊斯坦布尔

拜占庭式空间代表，穹顶直径约达30m，底边细密开窗，光照之下宛如悬浮于空间上部

封建分裂状态和教会统治，促使宗教建筑作为唯一的纪念性建筑，对欧洲中世纪的建筑发展产生深远影响。但东、西欧的中世纪历史截然不同，分别以东正教堂和天主教堂为代表，故形制、结构、艺术等均为两个体系。在古罗马晚期，早期的基督教取得合法地位后，仿照“巴西利卡”（Basilica，原意“王者之厅”）形制建造教堂。所谓“巴西利卡”即一种呈长方形集会性建筑，适应于基督教仪式。后东、西欧均大力发展了古罗马建筑结构，东欧以穹顶和集中形制见长，西欧以拱顶和“巴西利卡”著称。

3.1 拜占庭式建筑

公元4~6世纪是拜占庭（Byzantium）建筑的极盛时期，除了借助罗马遗产，也因地理位置而汲取当时波斯（Persia）、两河流域（Mesopotamia，即美索不达米亚文明）、叙利亚（Syrian）和阿尔美尼亚（Armonia）等东方文化，形成自身独特体系，其中以教堂建筑最为醒目。拜占庭式建筑为古西亚砖石拱券、古希腊古典柱式、古罗马宏大规模之综合，在拱、券、穹隆方面，“小料厚缝”的砌筑方法使其形式灵活多样。教堂格局大致为三种：巴西利卡式，集中式（平面呈圆或多边形，中央有穹隆），十字式（平面呈十字形，中央有穹隆，有时四翼上也有）。在装饰上，彩色云石琉璃砖镶嵌等技术也颇具特色。

图 3-2 帆拱示意图

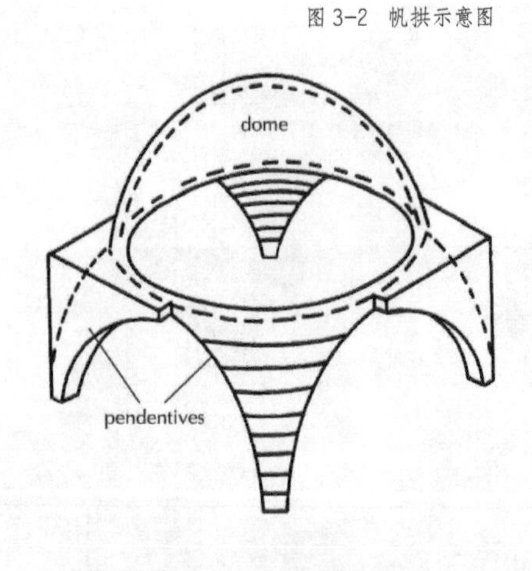

拜占庭式的主要成就在于穹顶的创造，将穹顶支撑在四根或更多的独立支柱上，穹顶之下获得较大自由空间，形成灵活多变的集中式形制，此手法在之后的教堂建筑中发展成熟。在矩形平面上覆盖穹顶，要解决两种形状间的承接过渡，其做法是：在四个柱墩上沿矩形四边发券，券与券之间砌筑以矩形对角线为直径的穹顶，重量完全由下方柱墩承担，形式自然简洁，无需更多承重部件，使穹顶之下获得极大的自由空间。相比古罗马式穹顶，此举具有重大进步。为进一步完善集中式的外部形象，又创造帆拱（Pindintive）。帆拱、鼓座、穹顶，此一套拜占庭结构方式和艺术形式，日后在欧洲广泛流行。

图 3-3 圣维达尔教堂平面图

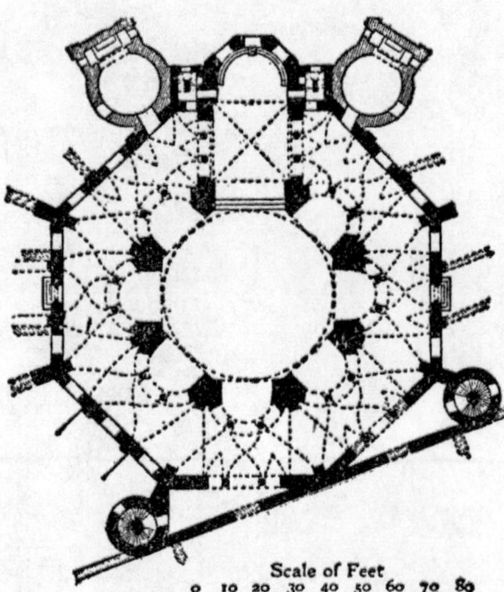

帆拱（Pindintive），示意图 图 3-2

在矩形四边的四个券顶部做水平切口，切口之上再砌半圆穹顶。更晚一步，则先在水平切口上砌一段圆筒形鼓座，上端再砌穹顶。由此凸显穹顶在结构上的主导作用。水平切口和四个发券之间，余下的四个角上的球面三角形部分，称为帆拱。

圣维达尔教堂（St.Vitale），平面图 图 3-3

巨型穹顶向各个方向都有侧推力，通过一圈筒形拱传到外部承重墙上，形成带环廊的集中式教堂，如圣维达尔教堂（详见下文）。相较于古罗马完全由一道极厚的墙来承担穹顶侧推力，此举显然有进步，但仍无法使建筑外墙完全摆脱沉重负担，故建筑立面和内部空间依然受限。

图 3-4 帆拱与马赛克镶嵌画的结合

图 3-5 马赛克彩色镶嵌画

帆拱与马赛克镶嵌画的结合，圣维达尔教堂 图 3-4

拜占庭式建筑在内部空间针对穹顶侧推力的重大创造，面对帆拱下的发券砌筒形拱来抵抗侧推力。筒形拱支承在下方两侧的发券上，靠里端的券脚就落于柱墩上，外墙因此不必承受侧推力，无论内部空间或是立面处理，都更加自由灵活。可以明显地看到，结构进步，建筑体系的发展起着决定性作用，集中式垂直构图的纪念性形象依附于特定的结构技术，将艺术风格与结构技术协调，往往是成熟的建筑体系的主要标志之一。

图 3-6 柱头雕刻

马赛克彩色镶嵌画，圣维达尔教堂 图 3-5

拜占庭式艺术的代表作，也是拜占庭式装饰的基本特点。题材均为宗教性质，帝王事迹往往占据最重要的位置。大面积马赛克和粉画造就了拜占庭教堂内部的富丽色彩，手法与波斯和两河流域的传统风格相似。

柱头雕刻，圣马丁•笃•卡尼古修道院，法国（St.Michel de Cuixa Abbey, France） 图 3-6

以几何图案或植物图形做细部雕刻，是拜占庭式教堂的惯常方法，特点是用镂空或截面凹槽形成图案并保持构件原状。早期教堂用古典柱式，后逐渐变形产生了拜占庭特有的柱头样式，完成从厚重券脚到细柱过渡。6 世纪后装饰题材逐渐丰富，花篮式、多瓣式、动物形象均有出现。

图 3-7 格雷特宫遗址，马赛克镶嵌画博物馆

格雷特宫遗址，马赛克镶嵌画博物馆，伊斯坦布尔（Great Palace, The Mosque Museum, Istanbul） 图 3-7

君士坦丁堡极盛时期的皇族宫殿，约有 2 万人聚集于此生活，建筑和室内装饰展现治阶层的奢华观念。镶嵌图案用以装饰重要房间，尤以皇帝寝宫的马赛克镶嵌为代表。格雷特宫的马赛克镶嵌技术，不论从技艺还是规模在世界范围内都难出其右。遗址挖掘虽多为碎片或不完整部分，仅为最初区域的七十分之一，但足以证明拜占庭古代镶嵌工艺之精湛。

圣索菲亚大教堂，剖面图与巨大的内部空间，伊斯坦布尔（Hagia Sophia，Istanbul，532~537年） 图3-8、图3-9

由特拉勒斯的数学家安提莫斯和米利都的物理学家伊西多尔（Anthemius of Tralles，Isidore of Miletus）合作设计，均为小亚细亚人，成就了拜占庭空间最辉煌的代表。其主要成就表现在三个方面：①高超的结构体系带来巨大空间；②内部空间既集中统一又曲折多变，满足仪式的不同需要；③室内装饰璀璨夺目，展现极高的镶嵌装饰技术。作为过去东正教的中心教堂，又是皇帝重要典礼仪式的场所，圣索菲亚大教堂见证了拜占庭帝国的极盛时代。

图3-8 圣索菲亚大教堂，剖面图

图3-9 巨大的内部空间

图 3-10　圣维达尔教堂外观

圣维达尔教堂外观，拉文纳，意大利（St.Vitale，Ravenna Italy，526~547 年）图 3-10

典型的拜占庭集中式教堂，平面采用八边形集中式布局，穹顶中空的陶器构件，便于减轻重量。圣坛凸出于八边形侧面之一，使整座建筑既似中心对称又似轴线对称。教堂外观极为朴实，毫无装饰且门窗狭小，内部装饰却华丽鲜艳，完全有别于古希腊神庙外观富丽、内部简朴的做法。

圣维达尔教堂内部空间装饰　图 3-11

以马赛克壁画为显著特征，大量采用镶嵌画装饰可能出于教堂门窗狭小导致内部光线昏暗，借助贝类、碎石、陶片等材质的反光来增加室内亮度，同时丰富色彩，渲染宗教气氛。之后哥特式教堂对彩色玫瑰花窗的运用，很可能出于类似考虑。

图 3-11　圣维达尔教堂内部空间装饰

3.2 中世纪早期与修道院制度

中世纪的开端很难界定，约涵盖 9~15 世纪，时间跨度之大显然不可过于简化。约在 12 世纪中期，整个社会面貌发生了根本改变，货币诞生催生了新的经济形式，也带来了全新的文学、艺术和社会习俗。事实上，中世纪并未形成独立的风格样式，以罗马风格为开端，以哥特式风格为结束。该时期发展了另一种机构，为潜心于宗教、艺术、研究之人提供不同的保护方式，即修道院制度。发源于宗教社团，地点多为偏远的城堡或集修士们自行兴建教堂、宿舍等生活设施，选择自给自足、与世隔绝、清心寡欲的简朴生活方式。

开敞庭院与连续带拱券的回廊，圣马丁修道院，法国（St.Martin du Canigou,France，1007~1026 年） 图 3–12

位于法国比利牛斯山脉（Pirineos）卡尼古山，至今仍保留小片建筑群，地处人迹罕至的高山上。教堂采用“巴西利卡”形制，有中厅和侧廊，上盖筒拱。建筑墙体厚，开窗小，室内昏暗。柱形略有科林斯风格，围绕开敞庭院形成连续的拱券回廊（Cloister），通达宿舍、食堂和其他空间，是平面布局的重要元素。

西多会修道院，室内，勒·托伦内特，法国南部（Cistercian Abbeys，Le Thoronet，France，约 1130 年） 图 3–13

带侧廊的十字形拱顶教堂，极为简朴。起初并无多少家具，仅屋内两边有石长凳，中部及附属圆龛内设有祭坛（附属半圆龛每边两个），这五个圆龛便构成典型西多会修道院的平面要素。主要房间均无装饰，但经过仔细切割和拼装的石构件仍显现美丽质感。宿舍区内，修士基本以布帘围出区域摆放床铺，这些做法如今只能参考手抄本中的绘画资料加以研究。

图 3–12 开敞庭院与连续带拱券的回廊

图 3–13 西多会修道院，室内

关注：

右图为修士宿舍区，注意地面铺装，虽然朴素但仍然刻意制造不同拼纹，便于分别不同区域。每个窗口对应床铺位置，便于阳光直射床榻。

拜占庭家具基本承袭了希腊化时期的风格特征，不同之处在于附带宗教色彩，装饰上也更趋豪华，尤以象牙雕刻重要特点。公元 6 世纪以后，因丝织工艺的普及，出现丝织物为装饰衬垫。除了对古代传统家具的摹仿，意大利中、西部地区的家具一般分为罗马式和哥特式两个时期。罗马式较为朴素，主要以碹木式样为特征，并在欧洲保存了相当长时期。哥特式流行于中世纪的后期（13 世纪后半叶至 15 世纪初之间），尖拱形为主要装饰，反映基督教建筑对家具的影响。

关注：

欧洲的家具设计与制作工艺在古希腊罗马时期已达到相当高的水准，中世纪家具正是以此为基础发展。

拜占庭式家具　图 3-14

哥特式天篷床　图 3-15

图 3-14　拜占庭式家具

图 3-15　哥特式天篷床

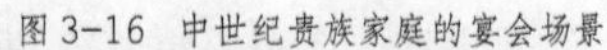
图 3-16 中世纪贵族家庭的宴会场景

中世纪贵族家庭的宴会场景，绘画资料 图 3-16

图中可见当时家具、陈设和餐具，远处还有三层餐具橱用来收藏、陈设贵重的银制餐具。

3.3 中世纪晚期与哥特式

公元 10 世纪以后，手工业与农业的分离以及商业的逐渐活跃，推动了封建城市的经济发展。哥特式（Gothic）成为主导风格，类型虽仍以教堂为主，但在广场、住宅等均有较大发展。风格完全摆脱古罗马影响，以来自东方的尖券、尖形肋骨拱顶、坡度很大的两坡屋面、钟楼、飞扶壁、束柱、花窗棂等为特点。哥特式发展在很大程度上得益于人们对宗教的狂热，形制满足宗教精神召唤力。在 12~15 世纪的西欧以法国为中心，之后整个欧洲均“哥特化”。其建筑特点主要体现于：尖塔高耸、尖形拱门、大尺度开窗、绘有圣经故事的玻璃花窗。

科隆大教堂，中庭，德国（Hohe Domkirche St. Peter und Maria, German） 图 3-17

以体量和高度见长，中庭高达 48m，奔放、灵巧、上升的力量体现了教会的神圣精神。直升线条烘托了空间升华，丰富的雕刻装饰塑造出神秘感，表达了希望接近上帝与天堂的宗教观念。

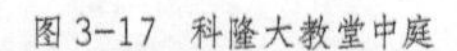
图 3-17 科隆大教堂中庭

尖肋拱顶，圣德尼修道院（Abbey Church of Saint Denis）　图 3–18

利用尖肋拱顶、飞扶壁、束柱，营造轻盈修长、向上高耸的空间感。尖肋拱顶将推力作用于四个拱底石上，使高度和跨度不再受限，空间得以空阔高耸，具有“向上”的视觉暗示。

乌尔姆市教堂，内殿与束柱，德国（Ulmer Münster，German）图 3–19、图 3–20

空间高达 161m，形体向上的动势十分强烈，轻灵的垂直线直贯全身。柱子不再是简单的圆形，而是多根柱子集合于一体，强调垂直感，衬托空间的高耸峻峭。

彩色玻璃花窗的发展

13 世纪中叶以前，因玻璃块尺度较小，所以分格小，每格内的图画都是情节性的，内容复杂，形象多，色彩特别浑厚丰富，便于色调统一。13 世纪末，彩色玻璃窗发生了变化，玻璃块尺度变大，分格疏阔，因而图画内容简略，以个别圣像代替故事，并用着色弥补彩色玻璃的不足，如此一来，大面积的色调统一便难以维持了，同时也削弱了装饰性与建筑空间的协调。14 世纪，玻璃的色彩更加多样，也更透明，因此不再浓重。由于常用几层不同颜色的玻璃重叠，色调的变化更加丰富。到 15 世纪，玻璃片尺寸继续扩大，不再做镶嵌，而是直接在玻璃上绘画，装饰性更弱。由小块到大片，由深色到透明，虽然表明玻璃生产技术的进步，但却因此折损了其原本的建筑装饰特性。

图 3–18　尖肋拱顶

图 3–19　乌尔姆市教堂，内殿与束柱
图 3–20　乌尔姆市教堂，束柱

玫瑰玻璃花窗，科隆大教堂 图 3-21

哥特式教堂几乎没有墙面，由窗占满整个开间，适于体现装饰。当时不具备生产纯净透明玻璃的工艺，却能生产出带各种杂质的彩色玻璃。

图 3-21 科隆大教堂的玫瑰花窗

玫瑰花窗，巴黎圣母院，法国（Notre Dame de Paris，France） 图 3-22

哥特式教堂最重要的色彩要素即来自于染色玻璃窗。细长形称“柳叶窗”，圆形称“玫瑰窗”，窗棂构造精巧繁复：先用铁棂将窗子分格，用柔软的铅条在格子里盘成图画，彩色玻璃镶嵌于铅条之间。

图 3-22 巴黎圣母院的玫瑰花窗

第 4 章　回溯古典——文艺复兴和矫饰主义

发源于 15 世纪意大利的“文艺复兴运动”（Renaissance），对西方文化和历史发展是一个极为重要的转折。这一时期，各方面变革造成了与中世纪文化的巨大差异，促使欧洲人把焦点从“来世”转移到“现世”，意味着对中世纪过去的批判；提倡民主与科学，唤醒人们积极进取、科学实践、崇尚创造的精神，不论是思维、热情、个性还是学识等方面，这都是一个需要“巨人”并且诞生了“巨人”的时代。然而，这又是一个发展不均并在一些方面充斥着矛盾的时代。客观上讲，依然无法将中世纪与文艺复兴时期完全割裂。

反对中世纪禁欲主义与教会绝对统治的“人文主义”（humanism），奠定了文艺复兴的思想基础。初期表现出革命、发展和创新性，代表人物马萨乔（Masaccio，1401~1428 年）、多纳泰罗（Donatello，1386~1466 年）和布鲁内列斯基等；盛期（1500 ~ 1520 年）以达·芬奇（Leonardo da Vinci，1452 ~ 1519 年）、米开朗琪罗、伯拉孟特和拉斐尔等经典作品而日趋巩固；晚期伴随矫饰主义（Mannerism，1520 ~ 1600 年）而备受争议。以上均特指意大利的文艺复兴，既是核心也在不同程度影响欧洲各国。

巴壁画《婚礼堂》，公爵宫，曼托瓦，意大利北部（Camera degli Sposi，Palazzo Ducale，Mantua，1465 ~ 1474 年）　图 4-1

作者为安德烈亚·曼特尼亚（Andrea Mantegna），文艺复兴早期大师。

图 4-1　壁画《婚礼堂》，公爵宫，意大利北部曼托瓦

关注：

今天将 Renaissance 一词定义为“文艺复兴”，从学术角度来看是略为狭隘的。事实上，该时期在宗教集权、经济、政治、文学等领域的发展与变化绝不亚于艺术，正是其他领域的空前发展而推动了艺术的进步。

4.1 文艺复兴早期

意大利几大家族的世仇斗争与罗马教皇集权，既带来城市竞争，又推动文艺复兴发展，其中以梅迪奇家族为翘楚，佛罗伦萨因此成为文化与艺术中心。15 世纪以前，主要的室内作品多集中于罗马、佛罗伦萨周边及威尼托（Veneto）地区，室内装饰多以绘画为主，象征性强烈。历史学家并不认可室内设计为当时文化的代表，但绘画带来了重要信息，特别是一些宗教事件的绘画。事实上，目前几乎没有完好保留文艺复兴时期原貌的室内空间，只能借助史料辨别许多重要场所。

巴齐家族礼拜堂，室内，佛罗伦萨（Pazzi Chapel，Florence，1420 年）图 4-2

布鲁内列斯基（Filippo Brunelleschi，1377~1446 年）设计，纯净、简洁、灰白色调，体现“完美模数”的概念，规范而图示化的手法对后续室内设计产生巨大影响。

圣•洛伦佐教堂，大殿，佛罗伦萨（Basilica di San Lorenzo，Florence）图 4-3

美第奇家族历代的礼拜堂，分别经由布鲁内列斯基、米开朗琪罗先后设计，视觉表现始终是室内设计最根本原则。布鲁内列斯基对结构有着突出贡献，表现在穹顶、鼓座、三角穹圆顶、柱式等多方面。

鲁奇兰府邸，走廊，佛罗伦萨（Palazzo Rucellai,Florence，1446~1451 年）图 4-4

莱昂•巴蒂斯塔•阿尔伯蒂（Leone Battista Alberti,1404~1472 年）设计，理论与实践的双重重要人物，著有《建筑论》（又名《阿尔伯蒂建筑十书》，

图 4-2 巴齐家族礼拜堂
图 4-3 圣•洛伦佐教堂，大殿

1452 年）一书。府邸立面分三层，每层均有壁柱和水平线脚，第二、三层窗用半圆券，顶部以大檐口将整座建筑统一，这一手法为当时其他建筑所仿效。

吕卡第府邸，内廊中庭，佛罗伦萨（Medici Riccardi Palac，Florence，始建于 1444 年） 图 4-5

由米开罗佐（Michelozzo di Bartolomeo，1396~1472 年）设计，注意不要与米开朗琪罗混淆，为数不少的梅迪奇家族别墅均出自其设计。吕卡第府邸的华丽奠定了日后都市住宅的风格基础。

图 4-4 鲁奇兰府邸走廊

4.2 文艺复兴盛期

文艺复兴的几位重要艺术家如达 • 芬奇、米开朗琪罗和拉斐尔都曾在佛罗伦萨发展，但最终都离开佛罗伦萨前往他处。而罗马相对平稳，又是位高权重、财力雄厚的教廷所在，历任教皇为了树立教廷权威，也经常召唤各地优秀艺术家前往荣耀天主的殿堂。雄心勃勃且出手阔绰的教皇朱利阿斯二世（Julius Ⅱ）更积极建设梵蒂冈；召引了伯拉孟特、米开朗琪罗和拉斐尔前来梵蒂冈工作，艺术家们因此得以展现才华。16 世纪以后，艺术重心逐渐从佛罗伦萨移至罗马。

图 4-5 吕卡第府邸内廊

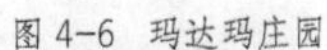
图 4-6 玛达玛庄园

玛达玛庄园，凉廊，罗马（Villa Madama loggia，Roam，1517~1523 年）图 4-6

是拉斐尔（Raffaello Sanzio，1483~1520 年）为红衣主教朱利亚诺•梅迪奇（Giuliano de'Medici）设计的庄园，盛期作品。虽未能完工并于 1527 年因罗马城攻陷而遭破坏，但凉廊的美感表达了当时在休闲娱乐装饰上的观念，经典比例让人联想到古罗马公共浴室。

“坦比哀多”礼拜堂，图纸，罗马（Tempietto，Roam，1499 年） 图 4-7

由伯拉孟特（Donato Bramante，1444 ~ 1514 年）设计，以极致和谐的比例美感著称，内空间十分有限。圆形平面的集中式布局，以古典围柱式神殿为蓝本，上盖半球形。平面由柱廊和圣坛两个同心圆构成，柱廊宽度等于圣坛高度，是典型的早期基督教为殉教者建造圣祠的基本形式。下层围廊采用多立克柱式。伯拉孟特在此追求的不是对古典建筑的简单模仿，而是在精神气质上创造相同于古典意义的现代纪念性建筑，堪称盛期引领性作品。

圣塞提洛教堂，内殿，米兰（S.Satiro，Milan） 图 4-8

由伯拉孟特设计，文艺复兴由早期转向盛期的标志人物。改建于 9 世纪的一座小型教堂，外观沿用早期文艺复兴手法，带古典线脚和壁柱，内部为希腊式十字矩形，古典构图与不规则形态平衡结合。

图 4-7 坦比哀多礼拜堂
图 4-8 圣塞洛提教堂

蒙泰费尔特罗公爵的书房，乌尔比诺公爵府，意大利（Reading Room of Montefeltro,Ducal Palace of Urbino）　图 4-9

由卢西亚诺 • 洛拉纳（Luciano Laurana，1420 ~ 1479 年）设计，盛期室内作品的代表。细部丰富多变，显示精湛的雕刻技巧与艺术鉴赏力。书房与其他房间均覆盖白墙、雕刻壁炉及线脚装饰，门道与壁炉装饰表现最为明显。

图 4-9　蒙泰费尔特罗公爵的书房

图 4-10　法尔尼斯府邸，外立面

4.3 文艺复兴晚期与矫饰主义

到了 16 世纪中期，文艺复兴的设计已经进入一个以古典法则为基础的固定模式，因此也催生出另一种新的趋向，即矫饰主义。矫饰主义一词源于意大利文“Maniera”，即“风格”，故也被译为“风格主义”或“样式主义”，兴起于 1520 年代文艺复兴全盛末期，止于 1590 年前后巴洛克风格的兴起，曾盛行于意大利。在艺术史角度，该运动用以形容在文艺复兴晚期出现的一股潮流，表明艺术家与设计师们试图突破当时已成模式化的风格规则。绘画上，追求更为复杂多变的构图和夸张的动作与人物形象；设计上，则以反常甚至相悖的方式来制造变化效果。矫饰主义存在于文艺复兴与巴洛克时代之间，常被冠以造作、怪异、匠气的形容，虽带有贬义并迅速终结，但仍然代表一种独立形式，也不乏具有表现力、优美的作品。

法尔尼斯府邸，外立面，罗马（Farnese Palace，Roam）　图 4-10
候客厅，威尼斯公爵宫（Palazza Ducale of Venice）　图 4-11

展现典型的威尼斯贵族品位，结合精致的粉饰、大理石雕刻、油画和壁画。

图 4-11　威尼斯公爵宫候客厅

图 4-12 劳伦齐阿纳图书馆，大理石楼梯

劳伦齐阿纳图书馆，大理石楼梯，佛罗伦萨（Biblioteca Laurenziana, Florence，1571 年） 图 4-12

由米开朗琪罗（Michelangelo，1475~1564 年）设计，以精巧见长。壁柱与墙体融为一体，起稳固墙体、拓展空间，而不失简约之用。大理石楼梯有意安置在显要位置，凸显华丽独特。

画廊，法尔尼斯府邸 图 4-13

由米开朗琪罗设计，他在古典主义基础上发展出雕塑、建筑、绘画融于一体的个人形式，将视觉艺术发挥到极致，被视为是文艺复兴走向矫饰主义的标志人物。建筑原由小桑迦洛（Antonio da San Gallo, 1485~1546 年）设计，米开朗琪罗接手后对底层做了大胆改动，加盖崖檐，改变内部结构，入口重新设计并加建阳台，以增加入口冷峻庄严的立面。

壁画《巨人的倾倒》，德尔特府邸，曼托瓦（Gigant，Palazzo del Tè，Mantua，始建于 1525 年） 图 4-14

由朱利奥·罗马诺（Giulio Romano，约 1499~1546 年，曾师从拉斐尔）创作，表现反抗众神的巨人形象。室内设计与壁画具有同样强烈的戏剧性，仿佛以此壁画为焦点，置身于炫目、颠覆的空间感。渴望表现对古典主义模式进行转化、修改和变形，是罗马诺的矫饰特点。

圆厅别墅，维琴察，意大利（Villa Rotonda, Vecinza Italy，1552 年） 图 4-15

由安德烈亚·帕拉迪奥（Andrea Palladio，1505~1580 年）设计，是 16 世纪意大利最后一位建筑大师，著有《建筑四书》。项目原为中世纪晚期面临倒塌的市政厅建筑，后经大胆整改，在每开间中央按比例加设券柱，使立面虚实相生，各自形象完整，整体上以方开间为主，开间内以圆券为主，有层次、

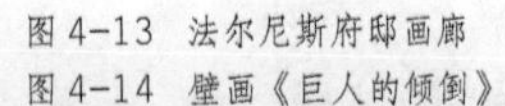

图 4-13 法尔尼斯府邸画廊

图 4-14 壁画《巨人的倾倒》

有变化，大小柱形成尺度对比。这种构图是巴西利卡式的重大创造，在其他地区中也有采用，但比例及细部做法以维琴察最成熟，得名“帕拉第奥母题”。

阅览室与细部设计，劳伦齐阿纳图书馆 图4-16、图4-17

图书馆空间由多个长矩形组成，阅览室体量高旷，如同延伸到天际一点。木饰桌面，甬道庄严，天花分段雕饰，四处随见矩形呼应元素。整体设计既承载人文主义理念，也表达了米开朗琪罗矫饰主义倾向。

巴巴罗别墅，威尼托，意大利（Villa Barbaro，Veneto Italy） 图4-18

帕拉第奥设计，壁画由保罗•韦罗内塞（Paolo Veronese，16世纪威尼斯画派画家）于1561年所作，文艺复兴时期最和谐的壁画装饰之一。

图4-15 圆厅别墅

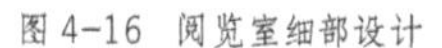

图4-16 阅览室细部设计

图4-17 阅览室，劳伦齐阿纳图书馆

图4-18 巴巴罗别墅室内

图 4-19 乌尔比诺公爵府壁炉
图 4-20 格子天花

4.4 艺术手法与空间装饰

湿壁画（Fresco）与灰泥装饰（Lime mud）

是该时期典型的两种装饰技法。湿壁画原意“新鲜”，一种耐久的壁饰绘画。制作时需用粗、细灰泥先后覆盖表层，要求画家用笔果断准确，颜色一旦吸入灰泥便难以更改。颜料着色需斟酌浓度。这种技法兴起于 13 世纪的意大利，到 16 世纪趋于成熟。灰泥装饰又称灰泥基质（lime mud matrix）或熟石膏，于 19 世纪中期流行于整个意大利（除了威尼斯，因气候潮湿易受损坏），本章图 4-1《婚礼堂》即灰泥技法巅峰之作。

壁炉，乌尔比诺公爵府 图 4-19

带顶盖的壁炉形制由早期的实用壁炉衍生而来，檐壁上方装饰拿着花圈的丘比特裸像、奖章画像等。就功能而言，因气候因素，这类壁炉在意大利北部使用率不高，仅满足外观时尚。

格子天花，观众厅，维奇欧宫，佛罗伦萨（Palazzo Vecchio，Florence）图 4-20

国王厅，梵蒂冈（Sala Rigia，Vaticano） 图 4-21

以连续的水平装饰带为典型，但手法较新，灰泥网格覆盖屋顶，形制庄严。

弗朗切斯科一世·德·美第奇的书斋，维奇欧宫，佛罗伦萨（Palazzo Vecchio，Florence，1572 年） 图 4-22

由乔尔乔·瓦萨里（Giorgio Vasari，1511~1574 年）设计，该时期灰泥装饰以壁画为主，分世俗与教会两方面，瓦萨里的表达带有综合性象征意味。

图 4-21 国王厅
图 4-22 美第奇的书斋

梅第奇别墅大厅，佛罗伦萨（Poggio a Caiano，Florence）　图 4-23

由朱利亚诺·达·桑加洛（Giuliano da Sangallo）设计，辉煌的桶状拱顶是典型的16世纪意大利灰泥天花方格造型，檐壁上刻有动物头形和水果花环。

法尔内赛画廊，罗马（Farnese Gallery，Roam）　图 4-24

由安尼巴莱·卡拉奇（Annibale Carracci）绘制，文艺复兴与巴洛克交界时期著名的室内空间作品。

地面铺装，维奇欧宫，佛罗伦萨　图 4-25

大理石碎片组成的镶嵌拼图常用于奢侈的地铺计，较大的大理石则出现于一些 15 世纪的壁画中，光亮的彩色陶瓷小地砖也多有运用。在 15 世纪中晚期，一种用铅抛光、带有各种耀眼颜色的白釉瓷得到非常广泛的运用。

饰带和天花造型，Sala degli Stucchi　图 4-26

墙壁上部均有丰富的水平装饰带，取代了挂毯，不仅是出于经济，也因高处悬挂装饰不便。于 1467 年精心制作的雕刻和镀金天花，表明该时期这一风格遍及整个意大利。

图 4-23　美第奇别墅大厅

图 4-24　法尔内赛画廊
图 4-25　地面铺装
图 4-26　饰带和天花造型

4.5 文艺复兴的影响

法国的文艺复兴风格

1500年前后，意大利的别墅和皇宫设计影响了整个欧洲。在经历了一段不平衡的繁荣期之后，随着法国和其他国家的入侵，文艺复兴的成果也被带入欧洲北部。“意大利式艺术”随着查理三世进入法国，然而多数法国人已经习惯了丰富的哥特式风格，并未真正接受意大利式文艺复兴风格。因此，从查理三世到亨利三世时期，文艺复兴风格在法国（及整个欧洲的北部）并未发展得如同在意大利那般热烈清晰。在很多地区，甚至被简单地嫁接于哥特式后期风格，出现了许多不协调的例子。但不管怎样，意大利文艺复兴还是在一定程度上触及了法国室内装饰设计。

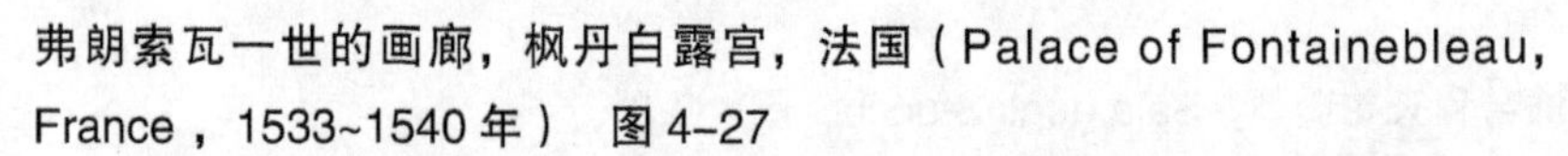

弗朗索瓦一世的画廊，枫丹白露宫，法国（Palace of Fontainebleau, France，1533~1540年） 图4-27

由罗索•菲伦蒂诺（Rosso Fiorentino）创作，后由普里马蒂西奥绘制。

图4-27 弗朗索瓦一世的画廊

皇室住所内的楼梯，枫丹白露宫，法国（Palace of Fontainebleau, France） 图4-28

意大利艺术家在法国创造的重要室内作品之一，由弗兰西斯科•普里马蒂西奥（Francesco Primaticcio）设计，他是意大利矫饰主义画家和建筑师。

图4-28 皇室住所内的楼梯

弗朗索瓦一世（Francois Ⅰ，1515~1547 年）执政时期，推动文艺复兴在法国的发展，通过引进诸多意大利艺术家、设计师，效仿意大利当时的皇室设计，但也因部分简单嫁接的手法，造成与法式哥特主流不相协调。

英国的文艺复兴风格

英国的文艺复兴是一个特殊的例子，发展得相对保守，特征多存在于室内装饰的细节上。整个 16 世纪，英国室内装饰保留了大量中世纪末的痕迹：雕刻橡木或其他木材镶板、简洁的石膏浮雕天花、木制或少量大理石石质地板等。总体而言，受文艺复兴影响的英国，一方面继承哥特式建筑的都铎传统，另一方面又采用意大利文艺复兴建筑的细部装饰。这导致了许多室内设计只是装饰片断的堆积，其概念与意大利或法国的建筑思想大相径庭。但也有一些新元素的出现，如汉普敦皇宫的石膏天花或同时期的圣詹姆士宫（St James's Palace）所呈现的风格。也曾尝试创造出一种能适应各种变化的形式（如古典式方格天花），例如用垂挂装饰物来划分区域的做法在伊丽莎白一世时期非常流行。但无论古典细部多么丰富，16 世纪的英国因其保守的发展，始终游离于文艺复兴思想的主流之外。

关注：
15~16 世纪，英国始终以“都铎风格”占据主导，故文艺复兴发展缓慢。“都铎风格”常与半木架结构的乡村风格联系在一起。

长画廊，哈登庄园，德贝郡（Haddon Hall，Derbyshire England） 图 4-29

图 4-29 哈登庄园长画廊

画室与画廊，兰海德罗克府，康沃尔郡（Lanhydrock House，Cornwall England，1640 年） 图 4–30 、图 4–31

英国文艺复兴时期最辉煌的画廊，长约 35.4m，具有文艺复兴晚期的典型装饰、创作场景和一些《旧约》主题，精致的石膏天花伴有垂饰。

图 4–30 兰海德罗克府，画室

图 4–31
兰海德罗克府，画廊

第5章　豪情激荡——欧洲巴洛克风格浪潮

16世纪下半叶，文艺复兴运动渐趋衰退，包含建筑及室内装饰在内的整个艺术界步入一个混乱与复杂的时期，滋生出多种风格形态，其中以“巴洛克”艺术最为瞩目。巴洛克一词源于葡萄牙文“Barocco”，意指怪诞、变形的不规则珍珠或粗陋的贝壳装饰，后引申为“不合常规”，原意指责艺术中衰颓、浮夸和过分雕饰。随着研究的深入，“巴洛克”一词称终因其艺术价值被肯定而保留下来。

巴洛克在室内设计上的突出特点在于：运用矫揉手法（如断檐、波浪形墙面、重叠柱等）、透视壁画、姿势夸张的雕像，使空间在透视和光影的作用下产生强烈的视觉效果；追求豪华的内部装饰与动感形态；将建筑、雕塑、绘画相渗相融，刻意模糊彼此界限，创造虚假空间；室内色彩对比强烈，细部多用雕饰，装饰以幻觉风格壁画为主（充满密集的人像、带有错觉透视的建筑画或由幻觉画框包围的图像）。复杂曲线和错综的平面布局开创了室内设计新风格，对当时的大众审美产生极大冲击。

图5-1　天棚画，巴贝里尼宫，罗马

天棚画，巴贝里尼宫，罗马（Palazzo Barberini，Roam） 图 5-1

由科尔托纳设计，欧洲最大湿壁画之一。门框装饰出自米开朗奇罗的拱形雕刻，主题为早期巴洛克的寓言题材，科尔托纳受其丰富的人物形态影响，创造出广为流传的装饰主题。此时正值巴洛克“幻觉绘画”发展为自成一派，对 1600~1640 年间的罗马产生重大影响。

5.1 意大利的标新立异

意大利作为巴洛克艺术的发源地，对当时的建筑和室内设计几乎产生颠覆性影响。不同于其他欧洲国家，意大利的巴洛克室内装饰在 16 世纪的矫饰主义时期已有预兆，主要特征为：墙面和顶棚布满壁画、精致的灰泥雕塑线脚装饰、着色或镀金的木刻细工，以及内部镶嵌边框的着色绘画。其壁画装饰（包括大幅的壁画和拱顶画）技巧为欧洲各国仿效。设计师以贝尼尼（Giovanni Lorenzo Bernini）、波洛米尼（Francesco Borromini）、安尼巴莱•卡拉契（Annibale Carracci）、科尔托纳（Pietro da Cortona）等为代表人物。

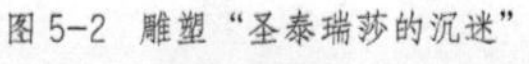
图 5-2 雕塑“圣泰瑞莎的沉迷”

雕塑“圣泰瑞莎的沉迷”，科纳罗小礼拜堂，罗马（Estasy St.Theresa，Cornaro，Roam，1645 年） 图 5-2

由乔凡尼•洛伦佐•贝尼尼（Giovanni Lorenzo Bernini，1598~1680 年）设计，堪称巴洛克时代的米开朗琪罗，设计了众多巴洛克教堂、广场等建筑。礼拜堂内地面以石材拼贴镶嵌，穹顶绘有彩色天顶画，祭坛中的“圣泰瑞莎”雕塑，以熟练的雕凿技艺将朦胧状态下修女既痛苦又甜蜜的感觉刻画得淋漓尽致。

穹顶下的巨形华盖，圣彼得大教堂（Basilica di San Pietro in Vaticano，1629 年） 图 5-3

由乔凡尼•洛伦佐•贝尼尼设计，此巨型华盖既是雕塑，又是建筑，由四支约 10 层楼高的巨大青铜柱支撑，柱身扭曲，缀满藤蔓、天使和人物，富有动感。华盖形体与周围环境配合相宜，人们几乎觉察不到其高度约达 4 层楼之高。

图 5-3 穹顶下的巨形华盖

耶稣会教堂内景，罗马（Jesuits，Roam） 图5-4

建造于16世纪末至17世纪初，设计师维尼奥拉（Barocci Vignola，1507~1573年），被认为是早期意大利巴洛克建筑的首个代表作。长方形平面，圣龛突出于端部，两侧用小祈祷室取代原有侧廊，所有部分向中央汇聚，十字正中升起一座穹窿顶，可以说是大型穹顶与矩形内殿结合的大胆尝试。

图5-4 耶稣会教堂内景

四泉圣卡罗教堂内景，罗马（San Carlo Alle Quattro Fontance，Roam,1634年） 图5-5

天花造型，四泉圣卡罗教堂 图5-6

由弗朗西斯科·波洛米尼（Francesco Borromini，1599~1667年）设计，善于运用几何图形表现自然动感。教堂平面以四个礼拜堂环绕希腊十字，椭圆形穹顶，内外均运用大量曲线，十字形、八角形藻井构成戏剧化效果，凹凸的曲面墙体缓和渐变，壁柱、雕像、壁龛、栏杆等混合使用，体现巴洛克精神。

画廊顶棚的壁画，法尔内塞府邸，罗马（Carracci Farnese，Roam，1597~1604年） 图5-7

由安尼巴莱·卡拉契（Annibale Carracci，1560~1609年）设计，标志着巴洛克绘画和室内装饰同时进入全盛时期。“镶框绘画”铺满整座天棚，如模拟绘制的镀金画框、铜制圆盘形饰面、大理石人物和其他浮雕，组合丰富、色彩明亮，与白、金色灰泥墙面自然融合。

图5-5 四泉圣卡罗教堂内景

图5-6 天花造型

图5-7 画廊顶棚的壁画

关注：

17世纪后期的灰泥雕饰以阿彭迪奥·斯塔奇奥（Abbondio Stazio）为代表，创作于阿尔布里齐府邸（Palazzo Albrizzi）的舞会厅、爱神殿接待室（Sala dei Putti）等均为巴洛克灰泥雕饰之杰作。

卧室，萨格雷多宫，威尼斯（Palazzo Sagredo，Venice，1718年）图5-8

现收藏于纽约大都会博物馆。着色天棚由灰泥雕塑、大理石和木构架组成，体现巴洛克的华美风格如何过渡到洛可可的轻盈细致。

图5-8 卧室，萨格雷多宫

帕拉蒂诺画廊，皮蒂宫，佛罗伦萨（Palatine Gallery in Palazzo Pitti，Florence）图5-9

科尔托纳（Pietro da Cortona，1596~1669年）设计，原名彼得罗·巴雷蒂尼（Pietro Berrettini），以神话人物为题材，绘制了皮蒂宫内多间客厅的天顶画，现为帕拉蒂诺画廊，也是最大程度保存下来的意大利巴洛克时期室内作品。

灰泥雕饰（Plasterwork）

来自17世纪意大利工匠的优秀工艺。粉饰工匠在矫饰主义时期的传统基础上，延续了早期精妙的石膏模制技术，后刷白或镀金，将此工艺大量运用于镶板装饰或油画框架的制作上。

5.2 法国的登峰造极

意大利“文艺复兴”对法国宫廷的巨大影响，加上政治军事的推动，使巴黎在16世纪成为与罗马对峙的另一个艺术中心。但在相当的程度上，法国艺术依然追随意大利盛期巴洛克艺术，故空间及细节处理上都不同程度地呈现巴洛克特征，极力追求华饰动感与虚幻对比，迎合上层社会虚荣、夸耀

图5-9 帕拉蒂诺画廊

的心理，也对日渐自由的法国艺术家产生强烈的吸引力。16世纪，法国的室内装饰多由意大利工匠完成。到了17世纪，巴黎主要的室内装饰才由成名的设计师主持，如弗朗索瓦•芒萨尔、路易•勒伏、夏尔•勒•布兰等。优秀艺术家和工匠聚集于凡尔赛和巴黎，皇室几乎垄断了室内装饰。

迈松拉菲特别墅，门廊，巴黎（Maisons Laffitte，Paris，1642~1651年）图5-10

弗朗索瓦•芒萨尔（Froncois Mansart，1598~1666）设计，是最早具有“民族性”意识，并将法国住宅装饰从“意式巴洛克”转变为自身“法国风格”的首要人物。芒萨尔的室内设计从不“装饰”，与建筑外部一样纯粹，与毗邻景观、朴素但带局部装饰的墙面产生呼应。这一手法后成为“法国风格”的特点，尤以巴黎为最。

沃•勒•维贡府邸，内廊，巴黎郊区（Vaux le Vicomte，Paris，1656年）图5-11

路易•勒伏（Louis Le Vau，1612~1670年）设计，室内设计出自夏尔•勒•布兰（Charles Le Brun，1619~1690年）。首次展现了日后凡尔赛宫内装饰风格的雏形。椭圆形大客厅突出成为焦点，卧室顺序敞开无私密性交流空间，楼梯置于次要位置。柱式经过改良，上部维持古典，下部则环绕装饰雕刻。

阿波罗艺廊，卢浮宫，巴黎（Galerie d'Apollon of the Louvre，Paris）图5-12

由夏尔•勒•布兰设计，以镀金灰泥雕刻、绘画、阿拉伯蔓藤花纹式镶板，创造了著名的“路易十四风格”。凡尔赛宫内大部分装饰工程、卢浮宫内部分装饰以及沃•勒•维贡府邸的室内装饰，均由其指挥或组织完成。也精通工艺及纺织品，著名的戈布兰壁毯便出自其工场设计。

图5-10 迈松拉菲特别墅

图5-11 沃•勒•维贡府邸

图5-12 阿波罗艺廊

战争厅，凡尔赛宫（The War Drawing Room，Versailles Palace，1686 年）图 5–13

由夏尔·勒·布兰设计，与皮蒂宫的套房相似，室内装饰同样以行星体系为参照，借助艺术手法巧妙凸显其寓意。在凡尔赛宫的设计上，勒·布兰摆脱了勒伏稍显平庸的风格，以彼得罗·达·科尔托纳在皮蒂宫的室内装饰为范本。整座宫殿虽具有统一的奢华，但各厅也各具差异。

法国巴洛克家具与陈设

法国的巴洛克家具一般被称为法国路易十四式家具，在原料、工艺、式样、品种等方面都较之从前有巨大突破。与当时宫殿、城市府邸一样，尺度巨大，结构厚重，雕刻华丽，加上精细的镶嵌细木工艺、青铜雕饰、镀金银装饰等，使家具显得格外生动豪华。

法国著名宫廷家具大师安得烈·查里士·鲍里创造性地发展了“镶嵌细木工艺”，将金属片与龟甲重叠，切成图案，再镶嵌于家具表面，形成“鲍里”式贵族风格，广为流传，后在路易十五时期的家具中大量应用，促成法国洛可可式的独特风格。

图 5–13　战争厅，凡尔赛宫

会客室，洛赞府邸，巴黎（Hotel Lauzun，Paris） 图5-14

除了颇具质感的厚重家具、镜面、地铺、挂毯等布置，17世纪的法国壁炉因出色的雕刻工艺得以流行。因气候关系，在北部的室内装饰中必不可少。当时除偏远地区，带罩款式壁炉已消失，常见样式是向前浅浅突出一块由地及顶的镶板，上部安置装饰镜架，沿墙四周装饰山墙或檐口雕刻。壁炉和饰架镜早在1601年已出现在枫丹白露宫，后广为流传。

镜厅，凡尔赛宫（The Hall of Mirrors，Versailles Palace） 图5-15

阿杜安•芒萨尔（Jules Hardouin Mansart）设计，凡尔赛宫中最为著名的厅堂。镜厅一面是17扇面向花园的巨大圆拱形大玻璃窗，与之相对的是墙上17面巨型镜子，每面均由483块镜片组成，将园内美景映射于室内，仿佛置身于室内花丛中。室内的淡色大理石、科斯林壁柱、镀金浮雕、天花上的巨幅油画、雕像装饰、枝形吊灯及蜡烛等，均在镜面反射下映衬得金灿而缭乱。

图5-14 会客室，洛赞府邸

图5-15 镜厅，凡尔赛宫

5.3 英国的节制保守

17世纪的英国政治变化较大，但政权更替对其室内设计几乎没有直接影响，逐步从晚期矫饰主义（Mannerism）过渡到优雅的“帕拉第奥风格”（Palladianism），再到日后带巴洛克风的帕拉第奥风分支。不同于欧洲别国，英国没有发展出后来的洛可可风格，始终徘徊在两股主要的帕拉第奥风格之间。1666年的伦敦火灾使整座城市几乎化为乌有，遂重新规划，巴洛克对英国的影响也正始于此。相较于别国，巴洛克在英国的发展比较保守，一直游离于主流之外，但仍然走出了自己的道路，具有强烈的英国地方风韵。值得关注伊尼戈•琼斯、约翰•韦伯、克里斯多弗•雷恩爵士、格林灵•吉本斯等主要人物。

白厅宫，室内，伦敦（WhiteHall Palace，London，1638年） 图5-16

伊尼戈•琼斯（Inigo Jones，1573~1652年）设计，将文艺复兴盛期的古典主义风格引入英国。项目仅小部分建成，即宴会厅，具有严谨的帕拉弟奥式外立面，室内双层通高，阳台出挑，下层为爱奥尼柱式，上层是科林斯柱式，顶棚绘有巴洛克画家鲁本斯（Petrus Paulus Rubens，1577~1640年）的壁画《詹姆士一世的颂扬》和《查理一世诞生的预告》，周边布满石膏装饰。

图5-16 白厅宫，室内

图5-17 威尔顿府邸

威尔顿府邸，翼楼室内，索尔兹伯里镇，威尔特郡境内，英格兰（Wilton House，Salisbury in Wiltshier，England, 1653 年）　图 5-17

由伊尼戈•琼斯携学生约翰•韦伯（John Webb，1611~1672 年）合作设计。形式简洁，装饰华丽，白墙、金色镶板、彩色镀金雕饰均体现巴洛克语言，画框周边为人造假帘。弧形顶棚与彩绘装饰颇显精妙，房内的复杂装饰预示着后来的洛可可时期。

图 5-18　克里斯多弗•雷恩爵士肖像

克里斯多弗•雷恩爵士肖像　图 5-18

克里斯多弗•雷恩爵士（Christopher Wren，1632~1723 年），开创英国巴洛克风潮的引领者，具有深远影响力的建筑师，50 英镑纸币背面印的就是他与其名作圣保罗大教堂。

圣史蒂芬•威尔布鲁克教堂（St.Stephen Walbrook，1672~1679 年）图 5-19

由克里斯多弗•雷恩设计，外观朴素，室内丰富。简洁的矩形空间借助 16 根柱子界定出交错的希腊十字、八边形与上部方形，活跃了空间。穹顶的镶板数量不规则，通过采光亭的小圆洞、椭圆形窗和券窗的采光产生独特美感。该几何杰作堪称是现存最美丽的教堂室内空间之一。

图 5-19　圣史蒂芬•威尔布鲁克教堂

圣保罗大教堂，中殿，伦敦（St.Paul' s Cathedral，London，1675~1711 年）图 5-20

克里斯多弗•雷恩的代表作。室内构柱虽然粗大，却不笨重，科斯林壁柱上方的盖盘环绕整个室内，宽厚的拱券带有藻井处理，灰、棕色搭配非常协调。穹顶设计令人惊叹，为避免室内仰观穹顶时高度过高，在圆顶内加盖半圆屋顶，顶部开口，创造了内外和谐的巴洛克圆顶。

图 5-20　圣保罗大教堂

带圆形旋木腿的书桌，詹姆士一世风格　图 5-21

早期詹姆士一世（James I）时期的家具体形庞大，直线居多，常在腿部即横档部位出现圆筒形或螺旋图案。椅子开始采用软垫，边缘处有装饰钉。橡树、胡桃木为普遍用材。表面装饰由纹理发展到油漆，丝绸、天鹅绒、刺绣、挂毯等均大量使用。

图 5-21　带圆形旋木腿的书桌

楼梯，卡西奥伯里府邸，沃特福德（Cassiobury House，Watford，1674 年）图 5-22

由格林灵·吉本斯（Grinling Gibbons）设计，现存于纽约大都会博物馆。吉本斯擅长木雕艺术，主要用于楼梯栏杆、壁炉、门板及其他镶板装饰。图中栏杆上的生动雕刻取代了 17 世纪 30 年代的带状纹样。

图 5-22　楼梯，卡西奥伯里府邸

5.4　17世纪欧洲其他各国的巴洛克发展

荷兰，因海上军事实力的强盛赢得大片殖民地，推动本国建设发展，在室内装饰方面的进步亦称“中产阶级古典主义”（Bourgeois Classicism），提倡厚重有力的空间结构，也青睐小型、亲切的装饰风格。

西班牙，因政治、经济的衰落和教会势力的增强，教堂建筑日趋装饰性，直至后来以装饰、夸张为主要特征，怪诞堆砌走向极端化，称“超级巴洛克”。

德国，受30年宗教战争影响，巴洛克影响相对较晚，遂意式巴洛克与本土民族风结合，发展得独树一帜。其教堂多外观简洁雅致，内部华丽，内外对比强烈。

奥地利，其宫廷室内装饰深受聚集在阿尔卑斯山北部的意大利手工艺匠的影响，自由奔放、造型繁复、富于变化甚至过度堆砌，是该时期主要特色。

俄国，受晚期巴洛克风格影响，因彼得大帝为促进城市景观而大量引进外来建筑师、工匠等，该时期最重要的建筑师为生于法国的意大利设计师巴特罗姆•瑞斯特利。

图5-23　国会大厦的使节大厅

国会大厦使节大厅，荷兰海牙（Binnenhof，Hague，1696~1698）年 图 5-23

达尼艾尔•马罗托（Daniel Marot，1661~1752 年）设计，拥护先锋艺术。与法国新教徒的接触使其对艺术产生影响。国会大厦整体呈法国风格，细节仍表现荷兰的务实感；家具以矩形样式取代布满雕刻的巴洛克风格；镶板设计是亮点，有带状、叶形、怪诞图案、花环及寓言场景作为装饰。

图 5-24 《绘画艺术》，The Art of Painting，油画

The Art of Painting，油画 图 5-24

荷兰画家维米尔（Vermeer，1632~1675 年），表现世俗家庭场景。以室内场景为材题的大量绘画，见证了荷兰 17 世纪的室内风格。垂直与水平线条的搭配、黑白大理石与木板拼接、充足的光线是荷兰室内装饰的主要特色，另一特点为油画装饰无处不在。

托莱多大教堂，马德里南部，西班牙（CatedraldeToledo，Madrid，Spain） 图 5-25

托梅（Tomei）设计，西班牙巴洛克最辉煌的创造，将建筑、绘画和雕塑完美结合于构造之中，因后部的唱诗堂和后堂回廊处设有一道玻璃门，故被称为“透明祭坛”。

图 5-25 托莱多大教堂

圣器收藏室，拉卡图亚教堂，格拉纳达，西班牙（La Cartuja，Granada，1713~1747 年）　图 5-26

“库里格拉斯科”（Churrigueresco）风格，约流行于 1650~1780 年，反对简朴、严谨，表现烦琐、艳丽。教堂墙面的泥塑装饰掩盖了古典结构，为典型的西班牙式的巴洛克艺术。该时期的形式感变化突兀，无理性和逻辑：扭曲柱式、断折檐部、碎片山花、杂乱无章的花环、涡卷、蚌壳等，复杂程度无以复加。

图 5-26　圣器收藏室，拉卡图亚大教堂

麦尔克修道院，奥地利（Monastery of Melk，Austria）　图 5-27

由菲舍尔·范·埃拉奇（Johann Bernhard Fischer von Erlach，1656~1723 年）设计。他是奥地利最重要的皇家建筑师，深受意大利巴洛克影响，整合了巴洛克时期贝尼尼和波洛米尼等设计师的元素，略带折衷主义倾向。此修道院高踞于多瑙河畔的高高岩石之上，外部雄伟，内部幽雅富丽，打破理性束缚，装饰生动多变，创造出充满世俗情感又欢快奇异的宗教环境。

楼梯厅，布吕尔宫，德国（Brühl，German）　图 5-28

布吕尔宫以楼梯厅设计最为经典，整座大厅由一部两跑平行楼梯构成，主跑楼梯前侧设有精美石柱，后侧为四组圆雕，两跑楼梯底部布满浮雕，墙面造型端庄严谨，突显古典构图规则，但几何图形内充斥着繁复的藤蔓石膏花饰，整个空间集宏阔、华丽、柔美于一体。该建筑体现了该时期室内设计已达到很高水平，尤其是楼梯的形体变化。

图 5-27　麦尔克修道院

图 5-28　楼梯厅，布吕尔宫

图 5-29 卡尔大教堂

卡尔大教堂，内殿，维也纳（The Karlskirche，Vienna，1715~1737 年）图 5-29

由埃拉奇设计，是奥地利在巴洛克时期最伟大的纪念性建筑。不同于过去的集中式或拉丁十字式布局，在较长的纵深空间分设前、中、后三个横道，且完全以中轴对称，独特新颖。椭圆形穹顶扩大了内部空间感，天花、壁画、雕塑均富有动感，流光溢彩。

凯瑟琳宫接待大厅，皇村（后改名普希金城），圣彼得堡（Catherine Palace，St.Petersburg，1752~1757 年） 图 5-30

巴特罗姆•瑞斯特利（Bartolomeo Rastrelli，1700~1771 年）设计。建筑始建于 18 世纪，属后期巴洛克建筑风格，瑞斯特利加建了皇宫教堂及行政管理用房，金碧辉煌为突出特征，宫内各大厅组成“金色走廊”，接待大厅最为宽敞，展现国力与无上君权。

图 5-30 凯瑟琳宫接待大厅

彼得保罗大教堂，圣彼得堡（Peter and Paul Cathedral, St.Petersburg，1712~1733 年） 图 5-31

意大利建筑师多梅尼科•特雷西尼（Domenico Tressini，1670~1734 年）主持设计，俄国首座以基督教新教样式和巴洛克风格为特征的教堂。室内四壁颜色鲜亮，以宗教题材绘画为主要装饰，如拱顶、窗边、墙面均可见。

巴洛克风格表现在不同的艺术领域，内涵也极为复杂，但基本特点是打破文艺复兴时期平和匀称、严肃含蓄的清规戒律，崇尚豪华气派，注重表现强烈情感，追求自由奔放、动人心魄的艺术效果。此外，巴洛克艺术有着浓重的宗教色彩，逐渐赢得当时天主教会及各国宫廷贵族偏爱，并为宗教所利用，从而迅速风靡欧洲，使整个 17 世纪的欧洲被称为巴洛克时代。

图 5-31
彼得保罗大教堂

第6章　奢华靡情——法兰西与洛可可风格

洛可可（Rococo）一词来源于法语，原意是指岩石和贝壳，引申为一种曲线状态的装饰纹样，旨在表明其装饰形式的自然特征，如贝壳、海浪、珊瑚、枝叶和卷涡等。后用以标志法国18世纪由上流社会贵妇人提倡并受宫廷欢迎的艺术时尚，影响至德国、奥地利、俄国等国。洛可可风格发端于路易十四晚期，流行于路易十五时期，因此也常被称作路易十五式。

洛可可风格的出现，标志着法国从18世纪初期逐渐取代意大利并再次成为欧洲文化艺术的中心。不同于巴洛克风格服务于宗教目的，洛可可风格主要服务于宫廷和上流社会。在这些建筑中，世俗欢娱进一步取代了宗教神圣，感观雅致逾越了古典端庄。

图6-1　椭圆形“公主厅”，巴黎苏比兹府邸

6.1 宫廷与洛可可

洛可可风格是奢华巴洛克与宫廷时髦生活结合的产物，室内装饰尤能体现洛可可风格的特点，以旋涡式弧形装饰为基本语汇，题材以蚌壳形、漩涡、花环、束状花纹等植物形曲线为主，用繁复构成视觉焦点。房间多为椭圆或八角形，室内多采用圆形、椭圆形边角，墙上经常安装镜子，从视觉上拓展了空间。墙线与天棚边界相互融合，室内结构趋于平面化，不对称的布局更显灵活，色调瑰丽而明快。这种式样很快成为上流社会的主流，并成为西方建筑室内发展中承上启下的转折点。

椭圆形“公主厅”，巴黎苏比兹府邸，波夫朗(1667~1754年)设计，路易十五时代(salons of the Hotel de Soubise by Germain Boffrand，Paris) 图6-1

图6-2 瓷器，洛可可风格

瓷器，洛可可风格，塞夫勒窑(Severes) 图6-2

瓷器的普及是18世纪初欧洲洛可可风格的标志之一，成为室内不可缺少的陈设品。1756年，法国在塞夫勒(Severes)设置瓷窑，生产优质白瓷。造型自由奔放，质感晶莹如玉，是塞夫勒窑瓷器的主要特色。

洛可可风格的家具 图6-3

该时期家具在巴洛克工艺的基础上，更加注重外部装饰与精工细作，以曲线与雕饰呼应室内，也有花叶、果实、绶带、卷涡等图案。材料上常用紫、黑檀及椴木等贵重木材。制作工艺包含金属加工、不同木材搭配、大理石缀饰、皮锦装饰等，甚至还有东方的漆器工艺。家具分类细化，制作方式如同雕塑品，集优美与舒适于一身是洛可可风格家具的重要特色。

图6-3 洛可可风格的家具

6.2 法国的开端与“芒萨尔”尝试

朱尔•阿杜安•芒萨尔（Jules Hardouin Mansart，1646~1708年）是著名建筑家弗朗索瓦•芒萨尔的侄孙，他与路易十四统治时期的建筑成就密不可分，他对凡尔赛宫、马利宫和大、小特里阿农宫进行的后期室内装饰，表明其对洛可可风格的初次尝试。路易十四评论他的设计过于严肃，提出要做到“处处流露出童稚般的天真趣味”，后人常以此作为洛可可风格出现的信号。

花瓶设计图　图6-4

由让•贝兰（Jean Berain，1640~1711年）设计，采用“阿拉伯式”蔓藤花纹（Arabesques）。此纹样常用于法国书籍封面、镶嵌工艺、刺绣品和园林花圃，为洛可可风格的特征之一。

蔓藤花纹装饰　图6-5

法国洛可可画家克劳德•奥德朗设计（Claude Audran，1657~1734年）。

维多利亚女王厅，大特里阿农宫（Grand Trianon，1687年）　图6-6

位于凡尔赛宫花园内，由朱尔•阿杜安•芒萨尔设计。难得未见凡尔赛宫浓重的巴洛克风格，室内装饰素净，陈列家具为“布勒”式（Andre-Charles Boulle），带有细木镶嵌，内外视觉通透，可望见外部别致的花园。

图6-4 花瓶设计图

图6-5 蔓藤花纹装饰

图6-6 维多利亚女王厅

图书室，小特里阿农宫，凡尔赛（Petit Trianon，1755 年） 图 6-7

绘画题材取代常用的大型天顶画和镀金粉饰，形式自由灵活，开创路易十五时代的装饰特色。巴洛克式的厚重与呆板不再，镶板、檐口均表现轻巧精致，壁炉架上开始出现大副镜面。这一时期在陈设上，花瓶托架、贝壳样式和阿拉伯式蔓藤花纹等也陆续成熟。

音乐沙龙，尚蒂伊城堡内，法国（Salon de Musique，Chateau de Chantilly，France） 图 6-8

洛可可风格早期的代表作品，由让•奥贝尔（Jean Aubert）设计，他是洛可可时期著名的装饰工匠。设计体现了自由与奢侈，镀金枝条打破边界约束，随意蔓延，甚至越过了陇间壁（有较大涡卷角饰）和细木护壁板。

圣叙尔皮斯大教堂，巴黎（St. Sulpice Church，Paris） 图 6-9

洛可可风格在教堂室内装饰中的应用，注意科林斯柱头细部的处理。

图 6-7 图书室，小特里阿农宫

图 6-8 音乐沙龙

图 6-9 圣叙尔皮斯大教堂

6.3 洛可可盛期与风格转折

有两位女性对法国盛期的洛可可艺术起到重要的推动作用。一位是蓬帕杜夫人（Marquise de pompadour，1721~1764 年），原名让娜·安托瓦内特·普瓦松，洛可可盛期的主导者。路易十五登基后无意邂逅并为其倾倒，后因国王加封丈夫而变身为蓬帕杜夫人。凭借自己的才色，蓬帕杜夫人影响到路易十五的统治和当时的法国艺术，不仅参与军事外交事务，更以文化“保护人”身份，左右着当时的艺术风格，并将法国艺术推向了欧洲巅峰。

另一位是让娜·贝库，即杜巴里伯爵夫人（Jeanne-Becu，Comtesse du Barry，1743~1793 年），原名玛丽·让娜。她在蓬帕杜夫人去世后成为宫廷主导，果断地拒绝了前任蓬帕杜夫人推崇的洛可可风格，以异国情调和古典情趣取代，洛可可在此时回归希腊化的均衡，但奢华依旧。杜巴里夫人因此成为“新古典主义”的推进者。

图 6-10　玛丽·让娜·杜巴里肖像

玛丽·让娜·杜巴里，肖像画　图 6-10

杜巴里出生平民阶层，却因姣好的面容和艺术天分获得国王赏识，晋升当时的贵族社交圈，并对路易十五晚期的艺术主流与政治产生较大影响力。

图 6-11　蓬帕杜夫人肖像

蓬帕杜夫人，肖像画　图 6-11

在许多方面画家布歇与蓬帕杜几乎就是推动洛可可风格的“两个轮子”，布歇为这位夫人所画的肖像也最多，这一幅《蓬帕杜夫人》是布歇为她所作的所有肖像中堪称最佳的一幅。

沃德斯顿庄园，室内（Waddesdon Manor）　图 6-12

由尼古拉斯·皮诺（Nicolas Pineau，1684~1754 年）设计，是洛可可全盛时期的领军人物之一。该时期开始出现两个明显的装饰特征：不对称和贝壳装饰。

图 6-12　沃德斯顿庄园

卷盖式书桌，路易十五时期（Rolltop） 图 6-13

该时期，各种存储性桌型发展迅速，根据功能需求产生多种类型，如垂叶桌（Drop-leaf）和卷盖式书桌（Rolltop）。

尼古拉斯·皮诺的作品 图 6-14

皮诺的创作巅峰展现于麦松府邸（The Hotel of Maisons）的室内设计，室内最典型的特点也是法国此时期最常用的处理手法，即直角形状和朴素的墙壁装饰，这两种手法恰是意大利和德国的巴洛克装饰竭力避免的两种特征。

图 6-13 卷盖式书桌

图 6-14 麦松府邸，室内设计

玛丽•安托瓦内特王后的卧室，小特里阿农宫，凡尔赛（Petit Trianon，1762~1768 年）　图 6-15

由雅克•加布里埃尔（Ange-Jacques Gabriel，1698~1782 年）设计，是法国早期新古典主义的领袖。小特里阿农宫既代表当时洛可可顶峰，也视作法国早期新古典主义的开始。建筑规模虽小，但室内和谐典雅。其中王后卧室色彩清淡，仅金色雕刻细部，一扇门式开窗可见花园景色。

枫丹白露宫，室内（Fontainebleau）　图 6-16

由加布里埃尔与雅克•韦尔贝克特（Jacques Verberckt，1704~1771 年）合作设计，堪称当时最豪华的室内装饰。宫内墙壁四周和天花均布满各式宗教或世俗油画。细木护壁、石膏浮雕和壁画相结合的艺术形式，形成枫丹白露的独特风格。

图 6-15　玛丽•安托瓦内特王后的卧室

图 6-16　枫丹白露宫

6.4 洛可可在德国的延伸

法国洛可可广泛地影响着18世纪欧洲其他国家设计风格的发展，德国是最快接受洛可可风格的国家，并形成带有民族特色的独特风格，接着相继是奥地利、匈牙利、波兰、波希米亚和俄国等，一些中欧国家也欣然接受洛可可风格。洛可可风格在法国独为宫廷和贵族所用，在中欧则大量运用于教堂室内装饰。洋溢着欢愉之情的洛可可作为中欧国家的教堂装饰风格，成就了欧洲最后一次大规模的宗教艺术之辉煌。

奥顿布伦修道院，内殿，巴伐利亚（Ottobeuren，Bavaria）　图6-17

洛可可风格在德国乃至欧洲的极致作品，空间处理及装饰特点秉承巴洛克手法，刻意模糊建筑空间与雕刻和绘画的界限，相互渗透，融为一体。整个空间色泽柔和亮丽，以白色为主，点缀清淡的金、黄色，造型图案仍然崇尚自然曲线，绘画和雕刻中的人物富有戏剧性、飘逸性。

威尔参海里根教堂内殿，德国南部（Vierzehn Heiligen，1743年）　图6-18

教堂内部呈开放式空间，十字交叉处的天花一改惯常的穹顶样式，四个椭圆在此交汇，既新颖又增加采光面。墙面装饰以白色为主，饰有浓重的金色藤蔓状曲线。

图6-17　奥顿布伦修道院

图 6-18　威尔参海里根教堂

阿玛琳堡内的镜厅，宁芬堡，慕尼黑 (Amalienburg，Nymphenburg，Munich)　图 6-19

典型的德国洛可可式世俗建筑，由弗朗索瓦 • 居维里耶（Fran ois de Cuvillies，1695~1768 年）设计。窗户和镜子间隔处理，天花与墙面的交接处呈横向展开的波浪形，镀金天使、花草、乐器等浮雕组合疏密有致，建筑界限在此完全消失。圆厅壁面装有大壁镜，开阔、明朗又极富神秘感，折射出室内斑斓。

慕尼黑国家剧院，演出大厅（Residenz Theatre）　图 6-20

由弗朗索瓦 • 居维里耶设计，他曾因慕尼黑皇宫的室内装饰而赢得声誉并建立个人特色，1763 年任宫廷主建筑师，慕尼黑国家剧院是其晚期最优秀的作品。

无忧宫，油画场景（Sans Souci Palace）　图 6-21

著名的霍亨索伦家族的宫殿，位于德国勃兰登堡地区波茨坦。1745~1747 年根据普鲁士国王腓特烈二世的草图兴建，洛可可式小型夏日宫殿。图为油画中表现的当时宫中场景。

瓷宫，夏洛腾堡，柏林（Charlottenburg，Berlin）　图 6-22

菲特烈大帝（Frederick the Great）在柏林郊外建造的著名宫殿，德国式洛可可风格。

图 6-19　阿玛琳堡内的镜厅

图 6-20
慕尼黑国家剧院

图 6-21 无忧宫，油画场景

图 6-22 瓷宫，夏洛腾堡

6.5 英国的抵抗

18 世纪的英国是欧洲唯一没有受到洛可可风格影响的国家，当时的英国国内抵制法国样式，坚持延续“帕拉第奥法则”的学院派（Palladian School），室内设计和家具呈现出实用、朴素、舒适的新特点。英国的帕拉第奥风格代表了乐衷于兴建私人庄园府邸、新兴的农业资产阶级和转向资本主义经营的新贵阶层。其中，伯灵顿伯爵理查德德 • 伯耶尔（Richard Boyle，1694~1753 年）对帕拉第奥建筑风格进行了深入研究，成为 18 世纪英国建筑师中的核心人物，并携同威廉 • 肯特（William Kent）和柯伦 • 坎贝尔（Colen Campbell）共同发展装饰理念。

图 6-23　梅瑞沃斯城堡剖面图

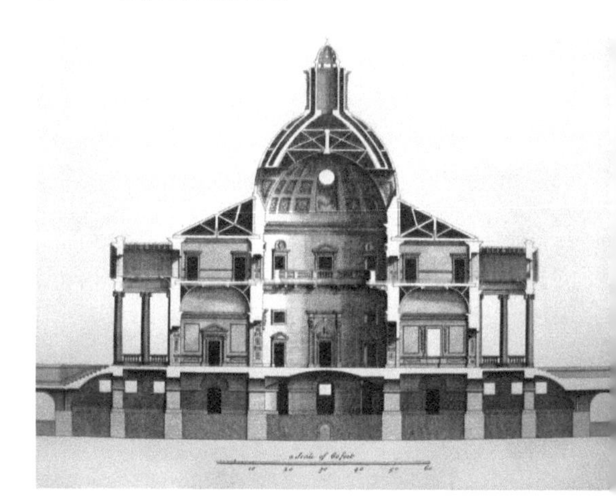

梅瑞沃斯城堡剖面图（Mereworth Castle）　图 6-23

由伯灵顿伯爵、肯特、坎贝尔、约翰 • 伍德（John Wood）和其他人以帕拉第奥风格为原形，在此基础上创造的独一无二的英国样式，从中可见建筑形态与帕拉第奥的圆厅别墅十分相似。

绿洲卧室，霍尔克姆府邸，英格兰诺福克郡（Green State Bedroom, Holkham Hall）　图 6-24

由威廉 • 肯特（William Kent，1685~1748 年）设计，体现其代表性家具手法。室内墙纸、暗色木门、地板与灿烂的白、金色石膏工艺及顶棚的圆形壁画相互映衬，山墙形床头顶端安放巨大的双贝壳造型。

图 6-24　绿洲卧室

《家具指南》中一页　图 6-25

该图表现的是“带哥特风格的架子床”。

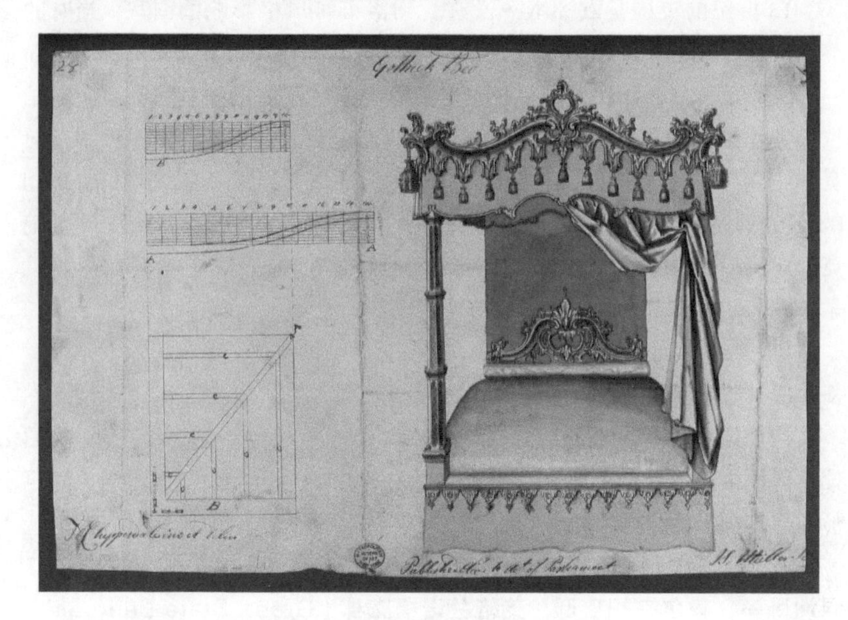

图 6-25 《家具指南》中一页

齐彭代尔式座椅　图 6-26

这是典型的英式洛可可椅，精巧坚固也不失华丽，1750 年左右英国上流社会广泛流行。采用桃花心木制作，精细雕刻，座面宽大，覆以锦缎织物的包面软垫。

图 6-26 齐彭代尔式座椅

关注：

托马斯•齐彭代尔（Thomas Chippendale，1705~1779 年），18 世纪英国最杰出的家具设计与制作家，首位不以帝王名字来命名家具样式的设计师，誉为“欧洲家具之父”。其编撰的《家具指南》等书对当时的英国家具工艺具有指导意义，个人作品远销欧美，奠定了英国家具在世界家具史中的重要地位。

总之，洛可可风格是西方艺术史上重视装饰风格的典型代表，无论在室内陈设、家具，还是瓷器、玻璃等工艺上，都突出体现了装饰的作用，追求秀雅轻盈，显现妩媚纤细的特征，尽管在很多方面是矫揉造作的，但其形式价值却不可忽视。从审美角度来看，过分追求装饰而相对忽视实用性，格调虽然不高却创造了许多富于生命力的手法，影响久远，故坚定地将技巧发展推向另一个高峰，为以后的工艺发展奠定了扎实的技术基础。

第 7 章 重铸辉煌——新古典主义再现

新古典主义首先出现于 18 世纪下半叶到 19 世纪初的法国，并以此为中心，波及欧洲各国、俄国和北美，几乎形成一股国际化的复古风潮。从表面上看，新古典主义只是对 17 世纪法国古典主义及古希腊、古罗马等艺术风格的复兴，但背后折射出在科学发展推动下，西方人对理性认识的提高。新古典主义以古典美为典范，重新采用古典柱式，但更注重对现实生活的关注，强调在新的理性原则和逻辑规律中追求简洁单纯的形式和合理的功能布局。

18 世纪末到 19 世纪初，启蒙运动由法国席卷整个欧洲。启蒙倡导者们要求建立一个以人文主义和理性精神为基础的社会，宣传政治自由，反对专制暴政；宣传信仰自由，反对宗教压迫；宣传“天赋人权”，反对“君权神授”，鼓励人们勇敢面对现实世界，相信自己的力量。启蒙思想的影响反映在室内设计上，表现为对迎合封建贵族阶级的洛可可风格进行反叛。人们很自然地把目光投回过去，希望从古典法式中寻求突破现行窠臼的契机，通过古典复兴来振兴理性主义传统。本章主要关注以下几种风格：前、后期新古典主义，督政府风格，帝国风格。

图 7-1 巴黎圣日内维耶大教堂正殿仰视，图中中部穹顶因维修而暂时封闭

7.1 法国大革命之后

法国人并不热衷于对古希腊、古罗马建筑形式的抄袭和对考古学翔实性的研究，而是寻求古代建筑的精髓，只重视建筑原理、分类、创作方法和技巧。但在18世纪60年代，还是出现了较小范围的“希腊风”，发起人是凯吕斯伯爵（Comte de Caylus，1692~1765年）。希腊细部装饰受到关注并引入法国室内设计之中，与古典主义传统相结合。此前鲜少使用的窗帘被广泛应用于室内，深红色和金黄色成为边缘装饰和流苏中利用率最高的颜色。

圣日内维耶大教堂，殿内穹顶，巴黎，约12世纪（Sainte Geneviève，Paris） 图7-2

图7-2 圣日内维耶大教堂

雅克·日尔曼·苏弗洛（Jacques-Germain Soufflot，1713~1780年）设计，又称先贤祠（Pantheon）。综合了古希腊和古罗马的神庙建筑、圣彼得大教堂及哥特式建筑的结构和形式，呈对称十字形。为避免一览无余的视觉效果，整个空间被侧廊层层划分，但通透连续。天花由五个穹顶组成，彼此间用筒形拱过渡连接，开合有度、虚实相生。各界面构件装饰均采用规整几何形，严谨且不失分寸，地面放射状花纹呼应天花。整个室内一派优雅，是新古典主义的鲜明。

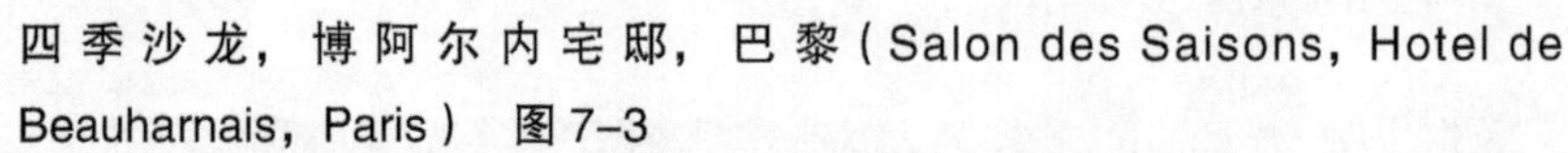

四季沙龙，博阿尔内宅邸，巴黎（Salon des Saisons，Hotel de Beauharnais，Paris） 图7-3

帝国风格，曾有“巴黎最美宅邸”之誉，完整保留了陈设原样。帝国风格主要以罗马艺术和庞贝风格为主，不断重复几何装饰，图案组合严格对称，少精巧而多壮丽。

图7-3 四季沙龙

路易十六式家具　图 7-4

路易十六时期的室内设计在洛可可风格基础上融合了一些新元素，趋向于更加学院式、严谨化的新古典主义。此时期家具又称路易十六式家具，多采用几何形式和直线造型，追求比例协调、结构清晰、脉络严谨，装饰上无过多雕刻，多采用平行、凹槽和半圆形线脚，表面纹样多源自希腊古董，表现出理性、节制的古典主义精神。

浴室，博阿尔内宅邸，巴黎　图 7-5

在华丽中巧妙安置镜面，以增加反射效果。

图 7-4　路易十六式家具

图 7-5　浴室，博阿尔内宅邸

关注：

建筑师克劳德•尼古拉斯•勒杜（Claude Nicolas Ledoux，1736~1806），法国大革命前备受重用的御用建筑师，对新古典主义进行彻底重构。其设计生涯始于法国大革命前的皇宫军事咖啡馆的室内装饰。

卧室与书房，马尔迈松府邸，巴黎（Chateau de Malmaison，Paris）图 7-6、图 7-7

由查尔斯•佩西耶（Charles Percier，1764~1838 年）和莱昂纳多•方丹（Pierre Fransois-Leonard Fontaine，1762~1853 年）设计，拿破仑时期御用设计师。室内布满武器、战利品等军用元素，帐篷式床型隐喻拿破仑的战场奔劳，细部用色浓烈大胆，成为帝国风格的鲜明特色。

巴黎 Cit.V. à 卧房透视图，出自《室内装饰文集》（Recueil de decorations int é rieures，1812 年） 图 7-8

佩西耶和方丹合著，书中记录的天花板、壁炉、家具和金属工艺等都代表当时的最新设计。图集一经出版，令欧洲各国设计师趋之若骛，成为设计风尚。

图 7-6　卧室，马尔迈松府邸

图 7-7　书房，马尔迈松府邸

图 7-8　巴黎 Cit.V.à 卧房透视图

皇宫内的军事咖啡馆，室内装饰，巴黎（Café Militaire，The Palais Royal，Paris，1762）　图 7-9

克劳德 - 尼古拉斯 • 勒杜设计，巧妙地利用军用品装饰，以镶板分隔墙面的落地镜，镶板上装饰着插有羽毛的镀金头盔，并附雕饰。现存于卡纳瓦莱博物馆（Mus é e Carnavalet，又称小嘉年华博物馆）。

图 7-9　皇宫内的军事咖啡馆

泽斯宅邸，门面装饰，巴黎（The Hotel d'Uzès，Paris）　图 7-10

由克劳德 - 尼古拉斯 • 勒杜设计，仍采用罗马军事题材浮雕装饰门面，落地镶板上布有精致浅浮雕，火把点缀月桂树、圆形勋章、七弦竖琴和其他图案。单纯的白金色调极富古典主义迷人效果现，存于卡纳瓦莱博物馆内。

图 7-10　泽斯宅邸

关注：

设计师德•怀勒（Charles de Wailly，1729~1798年），室内风格独树一帜，具有舞台美术设计经验，作品比同时期设计师体量更大、风格更浪漫。位于巴黎的达尔让松宅邸（Hotel d'Argenson）和曾经位于热那亚（Genova）的斯皮诺拉宫殿（The Palazzo Spinola）均为突出作品，展现其非凡的绘画与雕刻才华。

斯皮诺拉宫殿沙龙的部分立面图（The Palazzo Spinola） 图7-11

由德•怀勒（Charles de Wailly）设计，钢笔和棕色水彩（133cm×161cm），巴黎装饰艺术博物馆藏。具有舞台设计师背景的怀勒，创造性地使用生动的光线来丰富沙龙内部细节的层次感。

玛丽•安托瓦妮特皇后的化妆室，枫丹白露宫，法国（Boudoir of Queen Marie Antoinette，Fontainebleau， France 1787年） 图7-12

伊特鲁里亚风格（Etruria）在法国的巅峰之作，室内有大量精细奢侈的细部，但不够纯粹统一。其所有彩绘镶板可能由卢梭兄弟（Brothers Rousseau）所作，尤其值得一看的是顶棚上的“天空”。

图7-11 斯皮诺拉宫殿沙龙的部分立面图

图7-12 玛丽•安托瓦妮特皇后的化妆室

7.2 英国对帕拉迪奥的青睐

对新古典主义的到来，英国乔治王朝时期（1714~1837 年）比多数欧洲国家做了更多准备，如由伯灵顿勋爵（Lord Burlington）提倡的反巴洛克活动，威廉•肯特（William Kent）的设计和帕拉迪奥流派（Palladian School）建筑已使英国人习惯了“罗马风格”。以重建后的罗马古浴场为参照，新古典主义时期的“帕拉迪奥”样式更多地影响了室内形状，时常出现椭圆、方形、八角或圆形等不同形状的房间。此外，洛可可风格从未普及英国的室内装饰领域也是一大因素。从 1760~1790 年间，由亚当和钱伯斯爵士引领着英国建筑风格，同时期，建筑师詹姆斯•怀亚特（James Wyatt）、亨利•霍兰（Henry Holland）等也对此时的室内装饰产生较大影响。

关注：

威廉•钱伯斯的设计成为英国新古典主义室内设计的开端。但他受法国样式影响，在室内装饰中显得比较拘谨，极少体现个人特性。

中国风格的建筑设计，威廉•钱伯斯（Sir William Chambers，1723~1796 年）图 7-13

威廉•钱伯斯（William Chambers，1723~1796 年）是当时帕拉迪奥式建筑的先驱之一，其设计成为英国新古典主义室内设计的开端。游离东方后出版《中国建筑的设计》（Designs of Chinese Buildings，1757 年）一书，描述了建筑、家具和服装，成为英国设计师寻找中国装饰细部的主要资料来源。

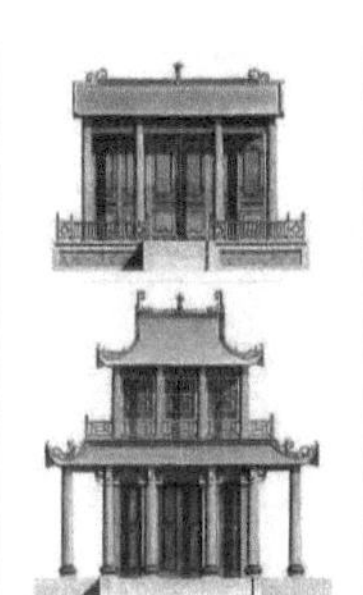
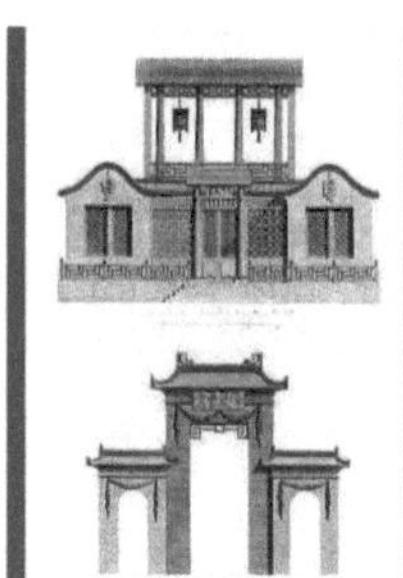

图 7-13　中国风格的建筑设计
图 7-14　赛恩府邸接待室
图 7-15　赛恩府邸大厅

接待室与大厅，赛恩府邸，伦敦郊外（Syon House，London）图 7-14、图 7-15

由罗伯特•亚当（Robert Adam，1728~1792 年）设计，室内带有实验性的奇异图案，以淡绿、蓝、粉红等为背景色，以小幅绘画减轻沉重感，入口大厅壮观，两端均有半圆形壁龛并导向方形接待室。地面图案由金色和米色的大理石拼接而成，与石膏顶棚的色彩相辉映。室内的爱奥尼柱式与雕像凸显希腊风格，其他装饰又带有帝国风格。

关注：

詹姆斯•怀亚特曾于意大利学习，他对许多英国教堂的修饰工作使普金（Pugin）称其为“破坏者怀亚特”。在设计上时常表现反复无常，但他也确实创造出此时期最优雅的室内装饰空间。

门廊，赫维宁汉庄园，萨克福郡（Heveningham Hall，Suffolk，1778~1784 年） 图 7–16

由詹姆斯•怀亚特（James Wyatt，1746~1813 年）设计，崇尚拉斐尔和帕拉第奥风格，却比罗马式的中庭朴实，堪称当时英格兰最优秀的新古典主义风格大厅。墙面由门、窗、壁龛、壁柱等间隔衔接，具有“建筑”特征，简洁有力。整个房间的结构与色彩具有内在统一性。新奇的穹顶形式和降低高度的结构设计也是新古典主义的突出手法。

圆形沙龙设计图，卡尔顿庄园（Carlton House） 图 7–17

由亨利•霍兰（Henry Holland，1745~1806 年）设计，他致力于对路易十六风格的研究，寻找惬意安静的设计路径。图中，淡紫色和蓝色交织在一起烘托出圆形沙龙的优美典雅，带镀银柱头的爱奥尼柱立于两侧，家具陈设均为法国室内风格。空间略显不够整体，许多留存下来的装饰看上去稍显空白，但设计师对细部的精到处理弥补了不足，卡尔顿宫成为此阶段最受欢迎的室内作品之一。

图 7–16 赫维宁汉庄园，门廊

图 7–17 圆形沙龙设计图

林肯旅社广场 13 号，室内，伦敦（No.13 Lincoln's Inn Fields，London） 图 7–18

约翰•索恩爵士（Sir John Soane，1753~1837 年）设计，现为索恩博物馆，

图 7–18 林肯旅社广场 13 号

其个人的住宅实践性作品。室内光线设计值得一提：餐厅顶部内由四周柱子支撑，穹顶上开有采光高窗，与墙上暗窗共同增加了室内光线。壁炉上部与穹顶上均安置镜面，使室内产生明亮、幻觉的效果。索恩把源自古希腊和古罗马的设计构思与勒杜等人的新古典主义手法集为一身，形成高度个性化的设计方式。

霍普住宅中的“印度风格”房间，资料图，伦敦 图7-19

托马斯•霍普（Thomas Hope，1769~1831年）为自己设计的住宅，该房间由托马斯•丹尼尔（Thomas Daniell）设计，室内以墙上的四幅巨大绘画为中心，顶棚格栅模仿土耳其宫殿中的镶板样式。房内颜色强烈，但没有印度本地的图形或比例，反而处处流露严格的新古典主义风格：18世纪流行的“中国风”（Chinoiseries）和“土耳其风”（Turqueries）。

图7-19 霍普住宅中的“印度风格”房间

“英式帝国式”家具，托马斯•霍普设计 图7-20

托马斯•霍普在1807年出版的《居室家具和室内装饰》一书中，表达了自己的设计想法，将其设计的家具样式称为“英式帝国式”家具。

图7-20 “英式帝国式”家具

7.3 欧洲其他国家的新古典主义发展

意大利罗马的大量古典主义建筑是欧洲各国新古典主义发展的灵感来源，但此时期的意大利却没有出现新古典主义风格的代表建筑，其早期的新古典主义的领导者如克莱里索、亚当、温克尔曼、皮拉内西等均不是意大利人。作为装饰师的克莱里索，最杰出的室内作品是位于罗马西班牙广场上的圣三一教堂（S.Trinit à dei Monti）内的“废墟”的室内装饰。

18 世纪中叶，德国美术考古家家和美术史家温克尔曼，因赞美民主制度而标榜古希腊艺术；此时，在法国启蒙主义影响下，强调自由、平等、博爱，以普鲁士国王腓特烈大帝（Frederick the Great，1712~1786 年）为首的德国各诸侯国开始实行“开明专制”的政治态度，因此德国自然选择了希腊复兴风格作为新古典主义的内容。与英国不同，风格庄重而体量庞大的希腊式建筑只在德国的公共建筑中迅速发展壮大。

再看俄国，18 世纪下半叶，叶卡捷琳娜二世（1762~1796 年）在圣彼得堡建立了艺术学院（Academy of Fine Arts，1757 年），学院内来自法国、意大利的建筑师如让•巴普迪斯特•德•拉•莫特（Jean-Baptiste de la Mothe，1729~1800 年），夏尔 - 路易•克莱里索（Charles-Louis Clerisseau，生卒不详）和贾科莫•夸伦吉（Giacomo Quarenghi，1744~1817 年）等人的作品，使圣彼得堡掀起一股纯粹而稍带严肃的古典主义风格。

图 7-21 “废墟”装饰，圣三一教堂

“废墟”装饰，圣三一教堂，罗马（S.Trinità dei Monti，Rome） 图 7-21

克莱里索（Clerisseau）设计，位于罗马西班牙广场，理念源自巴洛克式的“幻想主义”，但他的古典装饰与当时大多设计一样稍嫌僵硬。该时期的意大利并未出现较多重要的新古典主义风格代表建筑。

黄金厅，基奇宫，威尼斯（Salone d'Oro，Palazzo Chigi，Venice）图 7-22

该时期意大利具有新古典主义风格的室内作品。

国王卧室，中国宫，巴勒莫，西西里（Palazzina Cinese，Palermo）图 7-23

由波伦亚（Bolognese）建筑师佩拉吉奥•帕拉吉（Pelagio Palagi，1775~1860 年）设计，他注重室内细节设计，善于在统一下形成不同。图中展现其混合了极相似的中国样式、土耳其样式和庞培样式。

楼梯，艾伯特亲王宫殿，资料图片，柏林（Palace of Prince Albert，Berlin） 图 7-24

由卡尔•弗里德里希•申克尔（Karl Friedrich Schinkel，1781~1841 年）设计，现已毁。申克尔是此时德国最重要的建筑师，同时也见长于绘画、舞台和室内设计。德国选择了希腊风格复兴作为新古典主义的内容，申克尔当时的建筑设计内外和谐而统一，颇具独创性。其作品大多在柏林，即使从未亲临希腊，但设计却具有“普鲁士的希腊风格”（Prussian Hellenism）。

图 7-22 基奇宫内“黄金厅”

图 7-23 国王卧室，中国宫

图 7-24 楼梯，艾伯特亲王宫殿

叶卡捷琳娜二世皇宫，舞会大厅与楼梯厅，皇村，圣彼得堡（Catherine Ⅱ 's Palace，Tsarskoe Selo，St. Petersburg） 图 7–25、图 7–26

位于圣彼得堡“皇村”（现名“普希金城”），由夏尔·卡梅隆（Charles Cameron，1740~1812 年）设计扩建。室内装饰成庞培风格，大量运用乳白色玻璃，精致的粉刷工艺，镜子和有铜制基座的柱子。

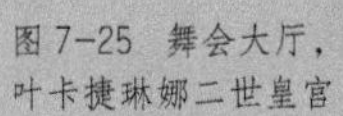

图 7–25 舞会大厅，叶卡捷琳娜二世皇宫

图 7–26 楼梯厅，叶卡捷琳娜二世皇宫

第 8 章　昔日情怀——浪漫主义与复古风

19 世纪是一个极端的时代，工业革命促使了钢铁、水泥等工业材料与结构科学的兴起，并在多种新型建筑得到应用。但欧美多数地区仍然坚持过去的风格样式，视之为民族文化之精髓，在建筑与室内的形式感、艺术表现方面依然盛行各种历史风格的“复兴”。总体而言，19 世纪的新型建筑在当时并无一席之地，仅在世纪末的美国以昙花一现的“芝加哥学派”为代表。富裕阶层难以接受简洁实用，但缺少传统、“缺乏文化涵养”的设计形式，依然倾心于各种历史风格，这些复兴样式也因此成为各大歌剧院、美术馆、政府大厅、私人宅邸的首选风格。不同的复兴风格反映了不同国家的特性与传统，如中欧复兴巴洛，意大利文艺复兴建筑落地于法国，英国则盛行新古典主义与哥特式复兴。

图 8-1　皮埃尔丰城堡，室内，法国瓦兹省

贯穿整个19世纪的复古风潮犹如一股乱麻，但稍加梳理便能辨别出与室内装饰相关的三股主要流派。其一为“浪漫主义运动”（Romantic Movement），约18世纪60年代到19世纪30年代，由文学艺术思潮而来，继而影响建筑设计，出现模仿古希腊、罗马、中世纪甚至东方式风格，也在过程中经历了“哥特复兴式”等阶段。其二为“历史主义”（Historicism），兴起于19世纪中叶，与浪漫主义一脉相承，但建筑师已不再执着于古典或哥特样式，而是更随意地汲取各种历史原型用于内外空间。其三为“折衷主义”（Eclecticism），兴起于19世纪上半叶到20世纪初，注重纯形式美，讲求比例均衡，并不受限于固定样式。关于折衷主义内容详见第14章。

图8-2　拿破仑王子于庞培别墅中的音乐会

拿破仑王子于庞培别墅中的音乐会，布面油画，凡尔赛宫国家博物馆（The Flute Concert，Chateau de Versailles，1861年）　图8-2

古斯塔夫•布朗热（Gustave Boulanger，1824~1888年）作品，画面展现了1860年2月2日，皇帝携皇后出席由诺尔芒（Norman）建造的庞培式新府邸的落成典礼，并现场表演节目。诺尔芒以几座庞培建筑为原型仿制了别墅，室内装饰庞培式绘画。这一场景设于别墅内中庭。

8.1　法国的浪漫主义繁荣

浪漫主义的诞生与发展和艺术有着直接关联，法国上层阶级的室内装饰足以证明这一点。大仲马的戏剧，如《亨利三世及其宫廷》使浪漫主义得以普及。19世纪30年代的巴黎戏剧、歌剧界，对当时由吕克-夏尔•奇切里（Luc-Charles Cicéri，1782~1868年）设计的“混搭式”舞台布景习以为常，加上工业进步的支持，住宅室内可以轻易地对类似效果进行装饰复制。

克鲁门浴场博物馆（Musée de Cluny，1823年）　图8-3

索姆宏（Alexandre du Sommerand）设计，以再现史境的手法表现博物馆的展示理念。馆内将各件杰出的中世纪家具、镶板和建筑碎片组合陈列，突出浓郁的浪漫色彩。

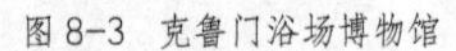

图8-3　克鲁门浴场博物馆

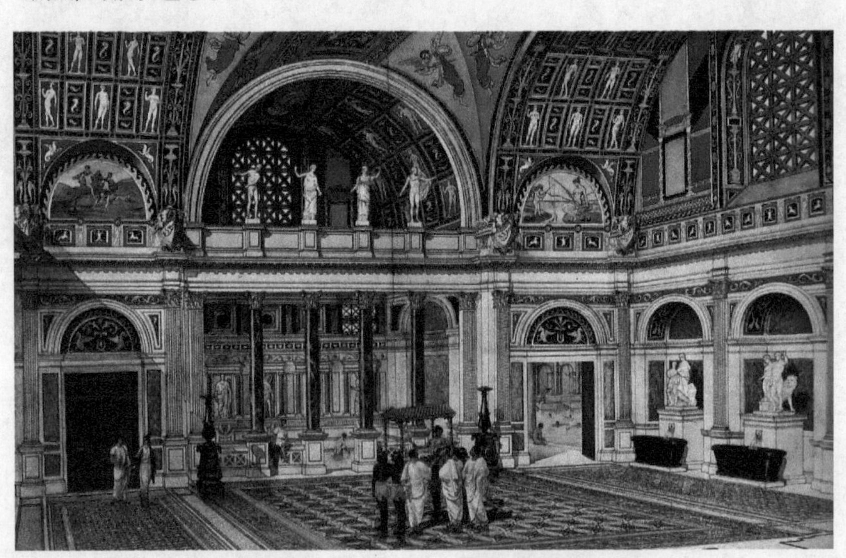

祖伯墙纸（Wall Paper by Zuber）　图 8-4、图 8-5

著名墙纸生产商让•祖伯（Jean Zuber，1793~1850 年），其设计的“连续”墙纸（Endless Paper）取代了粘贴费时的单张墙纸。祖伯的墙纸设计常铺在护壁板的上方，使墙面形成连贯场景，丰富而异域化的色彩衬托简单精练的家具。

关注：
选择祖伯墙纸，使装饰工匠们能够创造出更多室内装饰风格。1813~1836 年间，祖伯的“意大利风景”、“法国园林”、“现代希腊风景”和“中国装饰品”等始终居于市场销量首位，其受欢迎程度可见一斑。

图 8-4　祖伯墙纸（一）

图 8-5　祖伯墙纸（二）

皮埃尔丰城堡，带拱顶的大厅与过厅，法国瓦兹省（Pierrefonds，Oise，France）　图 8-6、图 8-7

巴黎圣母院的修复设计者维奥莱 • 勒 • 杜克（Viollet Le Duc）负责装修，原建筑是拿破仑三世时期法国哥特式复兴风潮的重要标志。城堡内部几乎全部翻新，尽管有部分装饰品没能完成，但它仍是拿破仑主导的“第二帝国时期”的浪漫主义高峰之作。室内主要塑造中世纪精神主题，尤其表现在宫女像雕塑、植物元素的雕刻等。

图 8-6　带拱顶的大厅，皮埃尔丰城堡

图 8-7　过厅，皮埃尔丰城堡

8.2 英国的短暂徘徊

从摄政时期和随后的维多利亚早期，英国室内装饰对古典柱式的使用日益增多，弱化了古典主义在墙面上的表现。此时正值英国与拿破仑统治的法国对战时期，因拿破仑“帝国风格”借鉴罗马复兴式，为表明对抗态度，英国室内空间逐渐脱离前期的罗马复兴。此外，鉴于 18 世纪希腊考古工作多由英国人完成，便转向复兴希腊风格。此时，辉格党人（Whig）正掀起改革宪章运动，也倾向于具有民主思想的希腊文化，这也助长了希腊复兴式的兴起。然而，将希腊建筑风格引入室内装饰的手法过于困难，且难以创造良好效果，虽然空间巨大却难以感受希腊精神，故英国的希腊复兴很快走向终结。

尤斯顿站，外观入口，英国（Euston，England，1835~1837 年）　图 8-8
尤斯顿站，室内　图 8-9

伦敦到伯明翰铁路的终点站，带有山花的多立克柱式进入大厅，通过楼梯走向带有爱奥尼柱式的隔断空间。铁路站作为新类型出现，使许多新型室内设计接踵而来。

大英博物馆，外观，伦敦（British Museum，London，1823 年）　图 8-10
大英博物馆内巨大的阅览室　图 8-11

由罗伯特 • 斯默克（Robert Smirke）设计，运用 44 根爱奥尼亚柱式连成柱廊，包绕两旁并向前突出形成入口庭院，属于典型的古典希腊风格。

图 8-8、图 8-9　尤斯顿站入口与室内

图 8-10　大英博物馆

图 8-11　大英博物馆，阅览室

18世纪下半叶，英国首先出现了反对僵化古典主义、发扬个性、追求中世纪艺术形式和非凡异国情调的浪漫主义建筑思潮，倡导哥特复兴式。直到19世纪，哥特复兴式室内装饰在英国仍极为盛行。此时活跃的建筑师多是借鉴中世纪的哥特式进行设计，但缺乏中世纪建筑和室内装饰考古学方面的知识，对“哥特”的理解仅限于简单效仿部分元素，并从中挑选、拼凑出符合个人趣味的样式。

草莓山庄的画廊，敦特威肯汉，伦敦（Strawberry Hill，Twickenham，London） 图8–12

图8-12 草莓山庄的画廊

室内由霍勒斯•沃波尔（Horace Walpole）设计，大量模仿中世纪的装饰特色，英国“如画风”模式（Picturesque Movement）下的产物。室内精细的石膏工艺传承了18世纪的精髓，壁炉架样式源自陵墓顶篷，注意壁炉架上的镜子并非中世纪样式。顶棚设计出自是亨利七世礼拜堂，其中著名的扇形圆拱屋顶（fan vaulting）展平后的样子。

国会大厦，室内，伦敦（The Houses of Parliament，London） 图8–13

即威斯敏斯特宫（Palace of Westminster），哥特复兴式风格，由普金（Augustus Welby N.Pugin，1812~1852年）和贝利爵士（Sir Charles Barry）共同设计建造的，贝利负责空间安排和组织，普金主导哥特样式的设计和室内装饰。对普金而言，哥特是一种正义象征，使基督教社会与“罪恶”的工业社会形成强烈对比。

图8-13 国会大厦

顶棚，亨利七世礼拜堂，威斯敏斯特宫（Palace of Westminster）　图 8–14

中世纪的装饰特色，从中可以看出草莓山庄模仿的痕迹。

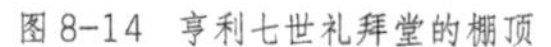

图 8–14　亨利七世礼拜堂的棚顶

封蒂尔修道院，画作资料，英国威尔特郡（Fonthill Abbey，Wiltshire，England，1796~1818 年）　图 8–15

由詹姆斯 • 怀亚特（James Wyatt，1746~1813 年）设计，哥特复兴式。体量巨大，实为一栋府邸，力图再现中世纪宗教建筑的宏伟庄严。内部光照和色彩营造出戏剧性的空间效果。尽管建筑上采用哥特式，但室内家具、绘画和陈设均表现维多利亚时期的装饰风格，摄政时期广泛使用的窗帘和其他织物也是室内的装饰重点。1825 年，修道院塔楼因风暴而坍塌，而今只能借助油画和版画作品得知其内部装饰。

图 8–15　封蒂尔修道院

8.3 美国的实用与折衷

18 世纪与 19 世纪交替之际，美国的室内装饰以对古代希腊和中世纪哥特复兴式为主，但在手法上也有了新的变化。在建筑物内部套用古希腊神庙样式是惯用手法，为了满足这种风格要求，建筑师不得不在固定的内部结构中“塞入”必需的功能空间。功能主义的实用性被迫掩盖在形式之下，反映出早期美国在设计文化上的实用倾向。

费城交易大厦（Exchange Building，1832~1834 年）　图 8–16

由威廉 • 斯特里克兰（William Strickland，1788~1854 年）设计，运用希腊建筑语汇，展现更加自由、更富创造性的空间。多根科林斯柱式围成半圆形门廊，顶部则模仿雅典列雪格拉得音乐纪念亭。

图 8–16　费城交易大厦

恩典教堂，纽约（Grace Church，New York，1843~1846 年）　图 8–17

詹姆斯•伦威克（James Renwick Jr，1818~1895 年）设计，位于纽约百老汇大街，再现英国哥特式风格，至今仍被认为是美国哥特复兴式精品之一。设计师从未眼见过哥特式建筑，灵感来源于对英国建筑师普金的教堂设计的介绍书籍，造型借鉴了早期哥特式建筑的优雅线条，内部的彩绘玻璃和马赛克地板都具有拉斐尔前派风格。

圣派屈克大教堂，纽约（St.Patrick's Cathedral，New York，1878 年）图 8–18

由詹姆斯•伦威克设计，以法国哥特式建筑为样本，平面布局呈十字形，其中侧廊、环形通廊、高侧窗和彩色玻璃等均为哥特式教堂的典型特征。

图 8–17　恩典教堂

图 8–18
圣派屈克大教堂

8.4 德国复兴风格与奥地利比德迈式

19世纪，德国的浪漫主义建筑没有重要作品，此时期在室内装饰上表现中世纪复兴风潮的最高成就，集中在国王路德维格二世（Ludwig Ⅱ，1845~1886年）位于巴伐利亚（Bavaria）的三座城堡：新天鹅城堡（Neuschwanstein）、海伦基姆湖宫（Herrenchiemsee）和林德霍夫宫（Linderhof），分别代表了三种欧洲极为热衷的复兴风格：罗马－哥特式（Romanesque-Gothic），法国巴洛克式和洛可可式。

比德迈式（Biedermeier）用来描述奥地利中产阶级及从1815年到19世纪中期在德国小范围内流行的室内装饰风格，由法兰西"帝国风格"发展而来，但剔除其奢侈华丽的装饰。比德迈式既强调舒适感，又渴望靠近现代风格，简朴与生活化是其核心精神。在家具上的最大缺陷是笨重和稚拙，但也以技艺精湛、简易实用而受到称赞。19世纪20年代末，该样式曾广泛用于德国、奥地利、意大利北部和斯堪的那维亚各国，却始终游离于此时欧洲其他国家的室内装饰主流风格之外。

图8-19　新天鹅城堡，外观

新天鹅城堡，外观与内部，巴伐利亚南，德国（Schloss Neuschwanstein，英译 New Swan Stone Castle，Bavaria，German）图8-19、图8-20

由德国宫廷建筑师爱德华•里德尔（Eduard Riedel，1813~1885年）设计，位于天鹅湖畔的陡峭石山上，依照路德维格二世梦想中的童话样式而建。城堡内大多数室内装饰，灵感源自理查德•瓦格纳（Richard Wagner，1813~1883年，德国作曲家、指挥家）的歌剧。壁画、哥特复兴式图案装饰遍布各个房间，略显压抑但也使整座古堡洋溢着热情浪漫的气息。

图8-20　新天鹅城堡，室内

海伦基姆湖宫，室内，巴伐利亚，德国（Schloss Herrenchiemsee, Bavaria, German）图 8-21、图 8-22

城堡中异国情调的装饰风格足具浪漫主义色彩。

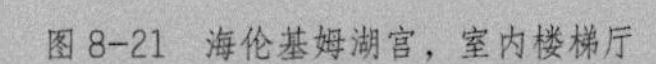
图 8-21　海伦基姆湖宫，室内楼梯厅

图 8-22　海伦基姆湖宫，室内

林德霍夫宫，外观与内部，巴伐利亚，德国（Schloss Linderhof，Bavaria，German）　图 8-23、图 8-24、图 8-25

建筑师奥尔格 • 多尔曼（Georg Dollmann，1830~1895 年）设计，洛可可风格。整体以皇帝的卧室为中心，室内从装饰、家具到陈设，每个细节都极尽古怪夸张，如灰泥雕塑、巨大的蓝色玻璃夜明灯、镶花边织物的脸盆架等，室内恍若怪诞梦境。

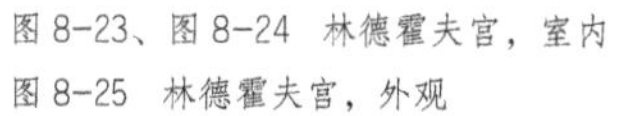

图 8-23、图 8-24　林德霍夫宫，室内
图 8-25　林德霍夫宫，外观

爱奥尼亚柱式的应用，柏林博物馆，1830 年 图 8-26

卡尔•弗里德里希•申克尔（Karl Friedrich Schinkel，1781~1841 年）设计，"普鲁士的希腊风格"（Prussian Hellenism），并非简单复制希腊建筑原貌，而是汲取古典之处。博物馆建筑立面呈现简洁的门廊型，18 根爱奥尼亚柱子支撑起整座建筑的檐部，立面门廊之后即博物馆。古希腊建筑内部通常狭窄昏暗，而申克尔的独创之处在于巧妙结合两者，既符合展示上对空间的要求，又体现希腊风格。

大公妃苏菲（Laxenburg）的休息室，拉克森堡，柏林（Laxenburg, Berlin，1920 年） 图 8-27

德国古典主义风格与比德迈风格混合的家具和写字台。

图 8-26
爱奥尼亚柱式应用

图 8-27 休息室

第 9 章　新旧大陆——美洲的传统与变迁

早在哥伦布进入美洲之前，那里已生活着400多万土著人，现称印第安人，以渔猎和采集为基础创造了高度的文明，其中包括玛雅文明(公元4~16世纪)、阿兹特克文明(公元12~16世纪)和印加文明(公元15世纪中叶~1525年)。印第安人建造了大量殿堂、庙宇、陵墓、石碑等，且当时的建筑和室内装饰并未受到外来文化的影响，有着自身独特的印第安风格。

15世纪后，欧洲殖民者入侵美洲，原先的印第安文化逐渐消失，此期间也称“殖民时期”。新的移民者开始按照欧洲样式重新塑造环境，致使此后的美洲建筑发生了急剧转变，原先纯粹的印第安艺术逐渐融合了欧洲巴洛克与其他建筑风格，形成了殖民地时期美洲独具特色的传统建筑形式和内部装饰文化。

图 9-1　战士神殿，奇琴伊察古城

9.1 前哥伦布时期的美洲风格

图 9-2 玛雅人的阶梯形金字塔

历史上，印第安人曾建立四个帝国，其中以阿兹特克帝国（Azteca，北美）和印加帝国（Tahuantinsuyo，南美）最为重要，分别创造了阿兹特克文明（Aztec Civilization）和印加文明（Inca Civilization），与玛雅文明（Maya Civilization）并称古代美洲三大文明。阿兹特克人擅长于城市建筑，在市中心建造以神庙为主体的建筑 群，也包括国王、贵族居住的宫殿房屋。印加帝国的建筑以其卓越的工程技术与石工技艺，显示出高度的实用主义风格，相较于其他文化，印加建筑和室内装饰相对朴素，却简约而正式。

战士神殿，奇琴伊察古城（Pre-Hispanic City of Chichen-Itza） 图 9-1

玛雅文明

主要分布于墨西哥南部、危地马拉（Guatemala）、巴西、伯利兹（Belize）及洪都拉斯（ Honduras）和萨尔瓦多（El Salvador）西部地区，约形成于公元前 2500 年，公元 3~9 世纪为繁盛期，15 世纪衰落，后被西班牙殖民者摧毁并长期湮没于热带丛林。玛雅文明是世界重要的古文明之一，对于美洲更为重要，曾建造诸多大型石构建筑物（如金字塔）、殿堂、庙宇、陵墓和石碑等，建筑上常发现刻注重要日期时间，表明当时天文学已发展到相当高的水准。奇琴伊察天文观象台是玛雅建筑中极为重要的一座。

玛雅人的阶梯形金字塔，帕伦克古城遗址内，墨西哥（Palenque，Mexico） 图 9-2

位于墨西哥东南恰帕斯州（Chiapas）的帕伦克古城遗址内。公元 600~700 年间是该城最为繁华的时期，公元 10 世纪左右消失于热带丛林，直到 18 世纪中期才被发现遗址。

总督宫，乌斯马尔古城，墨西哥尤卡坦州（Governor's Palace，Prehispanic Town of Uxmal，Yucatan，Mexico） 图 9-3

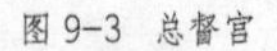

图 9-3 总督宫

关注：

前哥伦布时期的玛雅文化、阿兹特克文化和印加文化都创造了高度文明，至今仍然影响着美洲人的生活。该时代也是这块新大陆没有明显受到来自欧洲文化的影响的一段时期。

玛雅文化发源地之一，建筑多以切割石块建成，称“普克”（Puuc）风格，原意“多山之国”，得名于该地区的山丘地形。此类建筑采用新的墙体构造技术，创造出较大的建筑跨度和室内空间。外墙简约，大多为平面，墙体上部镶嵌有石质马赛克并构成几何图案，也伴有精致雕刻。普克风格大量使用石块切割和浮雕来装点建筑，颇具装饰性。

壁画，特奥蒂瓦坎古城内，墨西哥（Frescoes from Pre-Hispanic City of Teotihuacan，Mexico）　图 9-4

画中为穿着精心制作的头饰的祭司。玛雅人已懂得利用色彩装扮室内，以绚丽的壁画为主要手法，渲染空间的感染力。图画形式再现了他们的优雅与性格缺陷。

图 9-4　特奥蒂瓦坎古城内的壁画

图 9-5　羽蛇雕像

阿兹特克文明

阿兹特克文明（Aztec Civilization）是古印第安文明之一，主要分布在墨西哥中部和南部。阿兹特克义明在发展过程中吸收了玛雅文明的诸多成就，但与传统玛雅建筑相比并无重大突破，但其规模更加宏大，并且善于建造组织复杂的建筑群。金字塔也延续了玛雅人的形制，呈阶梯状。阿兹特克人也笃信宗教，故建造太阳和月亮金字塔作为仪式祭坛，均用沙石、泥土垒砌而成，表面覆盖石板，并装点繁复艳丽的壁画。

羽蛇雕像，奎扎科特尔神庙，特奥蒂瓦坎古城，墨西哥（kukulcan，Pre-Hispanic City of Teotihuacan，Mexico）　图 9-5

奎扎科特尔即阿兹特克语中的“羽蛇之神”，因建筑西面墙上的羽蛇头像故又称“羽蛇神庙”，原是城堡内最雄伟的建筑，后坍塌，仅剩下六层造型优美的棱锥形底座。但从遗迹的雕刻来看，可推断当时工匠技艺之精湛。

太阳金字塔、月亮金字塔和“死亡大道”，特奥蒂瓦坎古城，墨西哥（Pyramid of the Sun and Moon，Pre-Hispanic City of Teotihuacan，Mexico）图 9-6

图 9-6　特奥蒂瓦坎古城

印加文明

“印加”意即“太阳之子”，是安第斯地区讲克丘亚语（Quechua）的印第安人对其首领的尊称，主要成就也是以巨石建造宏伟建筑。如在库斯科（Cuzco）、萨克萨瓦曼（Saqsaywaman）、马丘比丘（Machu Picchu）等地建成的宫殿和城堡，都依地形而建，有的甚至建于陡峭山崖，高耸入云。高墙均以石块垒砌，石块间结合紧密，不用灰浆，严丝合缝。

印加人的石构技术 图 9-7

马丘比丘古城遗址，秘鲁（Machu Picchu，Peru） 图 9-8

印加建筑艺术最充分的表现，堡垒和平台沿山坡展开，平整而有序。建筑全部用大块花岗岩砌成，其石材的开采技术、运输与安装工艺至今令人叹为观止。几个世纪以来历经多次地震与山洪，却安然无恙，丝毫未损。

图 9-7 印加人的石构技术

古代美洲的文明对于现代人来说具有一种特别的魅力。它充满了宗教色彩并且非常神秘，人们对其了解甚少。而古代美洲建筑也相应地表现出古代美洲人对宗教的信仰，对生命的敬畏和对神明的崇拜。他们建筑装饰多以浮雕为主，细碎、平整，犹如纺织品。其中金字塔阶台石表面、柱身、门楣、建筑勒脚等处，多雕刻着几何形或植物形花纹，重复的几何纹样中还穿插了狮、蛇头等高浮雕，营造错落有致的层次感。在建筑室内有着色彩鲜艳、强烈的壁画，画面并没有立体感，但表达的内容丰富，人物形象非常生动，具有装饰性。古代美洲人也随着建筑技术的改进与提高，建造出了越来越精致的建筑和其室内空间。

图 9-8
马丘比丘古城遗址

9.2 殖民时期的美洲风格

15~16 世纪的殖民时期，常被视为欧洲建筑文化的再造和延续。故文艺复兴后的欧洲风格在此处均可见到，如巴洛克式（Baroque）、银匠式（Plateresque）、西班牙巴洛克风格（Churrigueresque）的教堂。法国移民继承了巴黎样式；瑞士，荷兰、德国移民则分别依照各自国家的样式来修建其殖民区。但迫于美洲气候、材料等条件限制，殖民者不得不对建筑做出相应调整，逐渐形成美洲自有特色。

瓜达卢佩圣母教堂，室内顶部装饰，墨西哥莫雷利亚城（Sanctuary of the Virgin Guadalupe，Morelia，Mexico）　图 9-9

教堂空间虽小，内外装修精致，室内从上到下几乎都是艺术品。

墨西哥城主教堂，中殿与壁龛，墨西哥（Mexico City Metropolitan Cathedral，1573 ~1813 年）　图 9-10、图 9-11

由西班牙人克劳迪奥 • 德 • 阿辛尼格（Cladio de Arciniega，1527 ~1593 年）设计，沿袭了西班牙文艺复兴和巴洛克传统，并混合新古典主义风格。室内的华丽装饰与浮雕集中表现于壁龛、拱顶与穹窿。此外，宗教主题的彩绘雕塑也渲染了强烈的现实主义感。

高脚橱（Highboy）和矮脚橱（Lowboy）　图 9-12

殖民时期常被富裕的中产家庭用于当时宽敞舒适的房间，也是美国和英国常用的储藏家具。曲型柜腿、雕刻垂饰、黄铜拉手和锁眼等均为主要特色，尤其是抽屉把手，反向的杯状弯曲造型非常别致。

祭坛与内殿，圣塞维德巴教堂，托斯康城，亚利桑那州（San Xavier del Bac，South of Tucson, Arizona，1775~1793 年）　图 9-13、图 9-14

由西班牙建筑师伊格纳西 • 高纳（Ignacio Gaona）设计。简单的矩形空间中，借助复杂而精巧的装饰表现顶部华丽，祭坛四周均采用壁画装点。

图 9-9　瓜达卢佩圣母教堂

图 9-10　墨西哥城主教堂，中殿

图 9-11　墨西哥城主教堂，壁龛

图 9-12 高脚橱和矮脚橱

关注：

该时期的家具设计显得非常雅致，并开始出现了软包家具，家具所用的木材以胡桃木为主。

图 9-13 圣塞维德巴教堂，祭坛

图 9-14 圣塞维德巴教堂，内殿

美国乔治式

乔治三式在位期间，美洲赢得独立，此时的美国建筑与室内空间开始从殖民时期的简易朴实转向优美、豪华的形式。美国乔治式住宅常用砖或木材建造，一般追随欧洲文艺复兴形式。住宅采用简单结构，使用对称布局的平面和丰富的细部装饰，包括山墙、壁柱，还常有帕拉第奥式窗。室内天花大部分采用平整的石膏板，而不是穹隆式；内部有线脚装饰，以软木色的墙面装饰取代昂贵的丝质或纸质壁纸；家具布置比较稀疏。这种风格从注重比例和细部协调，而非强调家居环境的舒适感。

弗农山庄，外观、书房与起居室，费尔法克斯，弗吉尼亚（Mount Vernon，Fairfax County, Virginia，始建于 1732 年）

图 9–15、图 9–16、图 9–17

乔治·华盛顿在此生活过并临终于此。与其他乔治式不同点在于，它有一个八柱门廊，直通后部并面向波托马克河。山庄主体是一座红瓦白墙二层楼，以木材建造，室内共设 14 间房，几乎没有豪华陈设。室内风格沿袭了乔治式，以木作加上灰泥粉饰，并采用绿色壁纸，整体效果庄严而精致。

迪克曼农舍，室内，纽约（Dyckman House，New York，约建于 1783 年）

图 9–18

纽约州的荷兰移民用木材和石材建造住宅，偏爱两坡屋顶，便于创造实用的阁楼空间，迪克曼农舍为其典型。厚重的木制构件、角柱、灰白墙、木地板、以壁炉分隔房间等做法，均表现出荷兰移民简约的设计观念。

图 9-15　弗农山庄，书房

图 9-16　弗农山庄，起居室

图 9-17　弗农山庄，外观

图 9-18 迪克曼农舍，室内

关注：

乔治王朝统治的后期，美国手工艺人和橱柜制作工人在英国流行样式基础上逐渐增加家具的装饰，体现其技艺的精湛和高超。安妮式和奇彭达尔式是常用的样式，有时混杂在一起。比如约翰•福威尔（Jhhn Folwell，活跃于 18 世纪 70 年代），被称作“美国奇彭达尔”。

安妮女王式家具

安妮女王统治英国仅 14 年，该时期的安妮女王式家具却风行了约 40 年，被认为是优雅的代表。此外还包括几项创造性发明，如含有填充料的软包家具等。胡桃木仍然是常用主料，后期则多用桃花心木。值得一提的是安妮式安乐椅，其椅背薄板（splat back）是该时期家具最大特点。早期的弯腿（cabriole legs）设计仿山羊腿造型，在膝部和椅背上常有扇形雕刻，腿的底部形式也很多样。整体而言，美国乔治式的椅子设计沿袭了英国样式。

“安妮”式茶桌 图 9-19

戈达德和汤森工场（Goddard and Townsend）制作，他们善于制造各种高低桌，并发展了独一无二的安妮式家具，称之为凹形衣橱。

图 9-19 “安妮”式茶桌

9.3 联邦时期的风格

1776 年《独立宣言》问世，“殖民地”成为了历史，此后的设计通常称“联邦时期风格”，并逐渐转向严肃的基于文艺复兴风格的古典主义。联邦时期的建筑开始转向逐渐严肃的古典主义形式，这种古典主义基于文艺复兴，例如帕拉第奥 • 塞利奥（Serlio），以及古典建筑的著作。联邦时期的建筑风格比之前的殖民时期风格更加轻快、雅观，主要特点是对称、精巧、幽雅和收敛，并以英国乔治时期的新古典主义风格为基础。联邦时期风格的房间形状较之殖民时期则更显宽大明快，呈椭圆或八角形，与英国相似却更加简单、纯粹、少于装饰，例如在涂金、石膏和大理石方面，装饰的成分非常少。

龛式床，蒙蒂塞洛庄园（Monticello，1796~1809 年） 图 9-20

托马斯 • 杰斐逊（Thomas Jefferson，1743~1826 年），美国独立的第三位总统，也是美国建筑和设计发展中有影响力的人物，力求创造一种不同于英国，适合于自由独立的美国风格。

该房间是杰斐逊为自己设计，可连通书房与更衣室。这座庄园的室内布局将公共区域与私人空间做了明确划分。入口大厅上部的回廊连接上层各个房间，并可俯瞰门厅。房间细部设计精巧，内墙相对朴素，以衬托繁复装饰。这是杰佛逊建筑理念的代表之作，反映他对新古典建筑风格的热衷。

图 9-20 龛式床

弗吉尼亚大学主楼，外观与室内（University of Virginia，1817~1826 年） 图 9-21、图 9-22

托马斯 • 杰斐逊设计，他规划的校园建筑风格体现了所谓“学院村庄”

图 9-21 弗吉尼亚大学，外观

的观念，大量使用古罗马风格并在其中有所革新，以便体现美国的民主与创新精神。他主张学生与教授亲密接触，教授们可在庭园中劳作，在学术沉思之后从事农业活动。杰斐逊在此创造了一个理想化的教学社区。

国会大厦，室内大厅与穹顶（United States Capitol，Washington D.C.）
图 9-23、图 9-24

图 9-22 弗吉尼亚大学，室内

图 9-23
国会大厦，室内大厅

1886 年时的国会大厦图书馆　图 9-25

国会大厦最初方案由威廉 • 桑顿（William Thornton，1759~1828 年）设计，后于 1814 年战争期间被英国人焚烧，由本杰明 • 拉特罗布（Benjamin Latrobe，1764~1820 年）重新设计，在风格上遵循欧洲新古典主义崇尚的几何形制，但也包含一些伞状半圆顶、粗矮的多立克式柱子等古朴、奇妙之处。大厦的中间部分由查尔斯 • 布尔芬奇（Charles Bulfinch，1763~1844 年）设计，并于 1829 年完工。

建筑师力图营造一种神圣纯洁的感受，故外墙全部采用白色大理石，中央穹顶和鼓座仿照万神庙造型，并采用钢架，使外部轮廓十分丰美。正中大厅可容纳数千人，四周墙壁和穹形天花布满美国独立战争和历史重大事件的巨幅画作，这一手法与意大利文艺复兴时期的宗教画极为相似。

图 9-24　国会大厦，穹顶

图 9-25　国会大厦 1986 年时图书馆

联邦时期的家具设计

总体而言，联邦风格的家具在制作上比早期殖民时期风格更加精良、轻快，更具直线性，雕刻也更加精细。普遍以红木为原料，伴有浅浮雕或镶嵌装饰，如贝壳、树叶、花篮等主题。桌椅腿较纤细，曲直均有。椅背装饰包括：风景、竖琴、垂花、麦穗等古典及爱国主义主题。联邦晚期常采用体量较大的家具形式，也带有雕刻、嵌物和黄铜镶边等元素。该时期最著名的家具制作名匠是塞缪尔·麦金太尔。

图 9-26　塞缪尔·麦金太尔制作的家具

塞缪尔·麦金太尔制作的家具　图 9-26

塞缪尔·麦金太尔（Samuel Mcintire，1757~1811 年）主要为商人设计住宅，常在室内外都装饰他的雕刻设计。也经常为其他橱柜制作人雕刻细部装饰，故一度被认为是雕刻家。

风格的转变是逐步的，到 19 世纪二三十年代，美国建筑和室内设计滋生出对希腊样式的热情，产生了第一次对历史样式的复兴思潮。在桑顿和拉特罗布运用的希腊柱式和细部上都能察觉到这种趋向。其他设计师如邓肯·法伊夫（Duncan Fyffe）等人，也在家具设计上时刻准备适应大众品味的变化，他从古希腊花瓶绘画上的家具描摹获得启示，发展了自身的家具设计。

第 10 章　天方夜谭——东方风格与亚洲传统

中国曾一度与欧洲各据一方，相互隔绝，保持着神秘。随着汉代张骞（约公元前 140 年）出使西域之后开辟丝绸之路，间接的贸易中转使东西方交流成为可能。13 世纪，在中国生活了 17 年之久的意大利人马可 • 波罗（Marco Polo，1254~1324 年）用一部游记《东方见闻录》（即《马可 • 波罗游记》），对欧洲产生了巨大的影响。而 15 世纪航海时代的到来，加上欧洲人对东方过分夸张的想象和好奇，促使东西方的贸易往来急剧上升。

图 10-1　阿兰胡埃斯宫，室内顶部装饰，马德里

10.1 欧洲眼中的“东方风格”

在一股东方浪潮的背景下，随着商人、传教士与使节的不断地认知与交流，“东方风格”的设计在欧洲广泛传播，并在17~18世纪达到了顶峰。此时欧洲正值巴洛克与洛可可先后盛行，东方设计——尤其是中国华丽、精致、繁缛但却不矫揉造作的风格，与当时上层贵族的审美情趣非常契合，加之对异国情调的追求由来已久，便顺理成章地融入了当时社会。不过，除了原汁原味的东方风格外，欧洲的本土设计师也表达自身对东方的一种“理解”，既带有欧洲本土情趣又蕴含对东方向往的热情。

东方漆器

漆器起源于中国，早在战国时期就已经达到很高的水准，明代万历与嘉庆年间发展至顶峰，并大量远销欧洲。主要工艺有描金、雕漆、填漆、螺钿等，目前在欧洲保留下来的主要以填漆与描金为主，属于较早流入欧洲的中国漆家具。明代髹漆名匠杨埙，将日本著名的“莳绘”工艺加以改进和创新，在清代被称作“洋漆”和“仿寇漆”。莳绘与中国的描金技法有异曲同工之处。正如王世襄所说，描金手法始于中国，但传于日本后被高度地发展，反而影响了中国。

图10-2 清代出口礼品盒

礼品盒，属漆器家具，清代的出口产品 图10-2

花瓣卷云纹漆盒，漆器，战国时期 图10-3

山水楼阁小多宝阁，莳绘漆器，日本，19世纪 图10-4

图10-3 花瓣卷云纹漆盒

图10-4 山水阁楼小多宝阁

中国风格的漆器家具 图 10-5

由达哥利（Gerard Dagly）设计，他是宫廷艺术家，18 世纪初被德国普鲁士国王腓特烈一世封为“室内装饰艺术家”称号。出生于比利时东部著名的漆器城镇斯帕（Spa），并在此学习漆器技术。他设计的家具画面趋于透视化，漆柜边缘出现了一些类似青铜器上的纹样，与巴洛克元素相结合。

图 10-5 中国风格的漆器家具

“中国风”的床，维多利亚与阿尔伯特博物馆收藏，伦敦（Victoria and Albert Museum，London） 图 10-6

由托马斯•奇彭代尔（Thomas Chippendale，1718~1779 年）设计，他是英国家具设计师，深受中国园林及建筑影响，其设计融合了东方文化的精妙。例如将中国建筑中的屋顶构造置于柜子顶端，形状来源与法国画家华托笔下的中国屋顶相似。他也从中国园林中吸取灵感，借鉴园林建筑的窗棂格结构设计柜子的侧板，并将这种手法融入家具结构体系，大量运用于椅背，令人新奇。他对“东方风格”尤其是中国风的把握极其娴熟，却无牵强之意。

图 10-6 中国风格的床

瓷宫，夏洛特堡宫内，柏林（Porcelain Place，from Charlottenburg，Berlin） 图 10-7

第 6 章已做介绍，站在东方风格的角度，特征更为突出。腓特烈一世在柏林西北面建造的豪华宫殿，以瓷器装饰的中国风与巴洛克金饰交相辉映，整体墙面、镜框、角柜和椅子等均布置或镶嵌各式青花瓷瓶、盘子与瓷罐等。“瓷宫”（Porcelain Palace）最初可能起源于法国，但是仅德国的“瓷宫”得以留存，18 世纪 20 年代后此类“瓷宫”不再流行。二战后，该宫殿被重新修复，一直保存至今，非常珍贵。

图 10-7 瓷宫

图 10-8 东方情调的瓷器装饰

图 10-9 布莱顿宫，室内

东方情调的瓷器装饰，阿兰胡埃斯宫，马德里，西班牙（Palace Aranjuez，Madrid，Spain） 图 10-8

意大利重新诠释了室内设计中的瓷器装饰，将瓷器发展为基础结构的一部分。意大利南部的那不勒斯开创了此风格，将白色瓷砖贴满整个墙面，用瓷制的雕塑构成东方情调，称为“Cathay”风格（Cathay 本意“契丹”，中国的古称），并在西班牙得以延续。卡罗三世因继承了西班牙王朝而来到马德里，命令意大利艺术家在“阿兰胡埃斯”皇宫（Aranjuez）延续表现这一风格，意大利人创意大胆，用色丰富，几乎超越意大利“瓷宫”。

布赖顿宫，英国（Brighton Palace，England） 图 10-9

布赖顿宫穹顶宫，室内 图 10-10

亨利•荷兰尔（Herry Holland，1745~1806 年）设计，受英国当时的“摄政王子”乔治三世（1811~1820 年）与威尔士王子（即乔治四世，1820~1830 年间，实为同一个人）的支持，在印度卧莫尔式的建筑结构下装饰着中式室内设计。室内中，龙的形象在此无处不在，墙面上描绘大型的中国人物壁画，四周护墙板则仿造中式栏杆图案。宴会厅在壁画上部的檐口围绕着一百多个铃铛，也是受中国屋檐建筑的启发。布赖顿宫表现出王子个人对东方风格的热情，但在当时属于孤芳自赏，维多利亚女王登基之后便于1850 年将此建筑出售了。

图 10-10 布莱顿宫穹顶宫

10.2 日本传统建筑与室内特征

日本的建筑历史大致可分为三个发展阶段：早期即飞鸟、奈良、平安时代（公元 6 世纪中叶 ~12 世纪）；中期即镰仓、室町时代（公元 12 世纪末 ~16 世纪中叶）；近期即桃山、江户时代（公元 16 世纪中叶 ~19 世纪中叶）。日本和式住宅的沿革大致经历了寝殿造、书院造、茶室、数寄屋等阶段。

日本的纪念性建筑受中国建筑的影响，布局往往对称，采用院落式。佛寺群体也反映相似的设计特征。民居一般为木构平房，抗震但不防火。花园与房舍在布局上为互补关系，前者为自由布局，后者为规则布局。住宅都采用木框架，局部可拆卸和替换。夏日人们可借助出挑的披屋纳凉。室内常用绘画作品与外部的景观相呼应。

图 10-11　寝殿造示意图

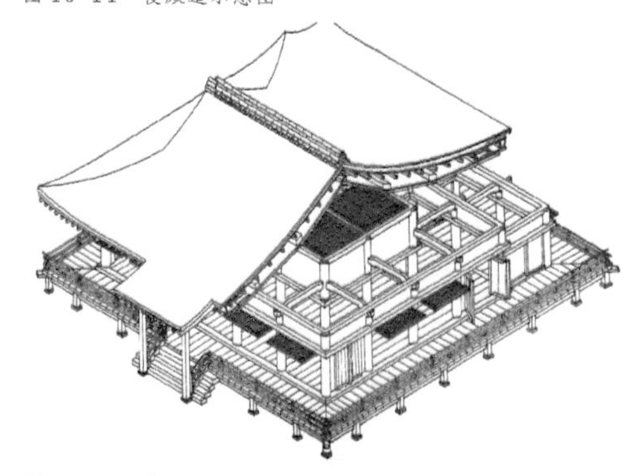

图 10-12　吉野山吉水神社

图 10-13　桂离宫，室内

图 10-14　松琴亭

寝殿造，建筑构造示意图　图 10-11

形成于平安朝代后期，仿效中国宫殿式建筑的住宅，所有寝所的内部空间除涂笼（泥墙小屋）外没有明确的区分，只在有活动时用屏风、帘帷等加以划分。必要的室内配置用品，称之为“室礼”、“铺设”，榻榻米也仅在必要的场所铺设。

吉野山吉水神社，室内，书院造的建筑型制　图 10-12

日本一方面继续受中国建筑的影响，同时融入本土特色，住宅建筑开始打破古老文化，形成一种地上铺满榻榻米、顶棚修饰、有角柱、高低搁板与书院的固定样式，即书院造建筑。“书院造”往往在一栋住宅的若干房间内择其一间，做坡屋书房并进行装饰，以适应僧人与武士的生活方式，室内地板稍高于其他房间，地板上设有香炉、烛台、花瓶成对的陈设。

桂离宫，室内（公园 1616~1661 年建成）　图 10-13

“数寄”（日语音译）指外面糊半透明纸的木方格推拉门，也有纸夹在双层木格中间的，最初由中国传入日本，既可用于分割室内空间，又可作为住宅的外墙，将材料本身的色彩与构成合理组织来表达丰富的细部处理。图中桂离宫是数寄屋式建筑的经典之作。

松琴亭，桂离宫　图 10-14

茶道艺术对书院造产生影响，其间又以草庵风茶室最为流行。图为宫中一茶室，用草顶、土墙、竹格窗等最简单的材料和构件构成，简朴、雅致，是“草庵风茶室”的典型风格。

日本文化具双重性，爱美而黩武，尚礼却好斗，喜新又保守，既对比却又极端的性格常表现于设计态度上。四面环海的地域特征，使日式传统风格吸收了外来文化精髓并与之相融，又将自身传统生生不息地延续，均对建筑与室内设计的发展产生关联与推动。

10.3 印度传统建筑与室内特征

印度是佛教和婆罗门教的发源地，又曾受伊斯兰教的影响，因此宗教建筑在古代印度始终是主流。建筑营造过程中，仍以木材为主要原料。现今能看到完整的则是一些与宗教有关的纪念性石构建筑，如佛教（Buddhist）、印度教（Hindo）、耆那教（Jain）等寺庙。13 世纪受伊斯兰文化的影响，与本地宗教相互融合，印度建筑与室内设计在风格上趋于抽象化。此时，印度教和佛教传入东南亚并对当地建筑造成极大影响。18 世纪以后，以英国为首的西方列强占领印度并沦为殖民地，同时也将设计文化带入当地室内设计中，并形成新的印度风格。

卧佛，阿旃陀石窟，马哈拉施特拉邦，印度（Ajanta Caves，Maharashtra，India） 图 10-15

该石窟为印度古代的佛教徒从石山中开凿出来的佛殿和僧房。在印度，佛教并未长久地占据主要地位，却逐渐传入并影响了中国。佛寺、佛塔、石窟和佛像等最初形式均源自印度，但印度建筑体系却极少受中国文化的影响。

图 10-15 卧佛

戈纳勒格的太阳神庙基座上雕刻的车轮，加尔各答，印度（Calcutta，India） 图 10-16

神庙位于印度东部奥里萨邦（Orissa）加尔各答西南 400km 处，始建于 1250 年，以太阳神驾驭马车驰骋天际的造型而著称。神庙的基座上对称地雕刻有 12 对直径达 3m 的车轮，精细的纹饰一直延伸至车轮。寺庙前方，雕有拉战车的 6 匹骏马，形象生动。太阳神庙的墙壁上雕满各式各样的人物，形象多为男女相拥，表现了印度教徒追求的“梵我同一”的境界。

图 10-16
基座上雕刻的车轮，
戈纳勒格的太阳神庙

埃罗拉石窟群，马哈拉施特拉邦，印度（Ellora Caves，Maharashtra，India）　图 10–17

石窟群共有 34 座石窟，开凿年代约在公元 5 世纪 ~13 世纪。石窟的开凿经历了佛教、印度教、与耆那教的兴衰，是印度最有代表性的宗教建筑之一。

泰姬•玛哈尔陵，外观与室内，印度阿格拉（Taj Mahal，Agra，1631~1648 年）图 10–18、图 10–19

莫卧儿王朝国王沙•贾汗（Shahbuddin Mohammed Shah Jahan）为爱妃泰姬•玛哈尔修建。陵墓平面成正方形，四面都有对称开口，几何关系合理分配围绕洋葱状的拱顶的四座尖塔，内部装饰极其繁缛。复杂的空间组合环绕着墓室，丰富的几何图案源于拱券门洞或洋葱型建筑轮廓，并频繁出现在壁龛上。植物纹样体现了伊斯兰特色，在穹顶、墙壁、地面等随处可见。

图 10–17　埃罗拉石窟群

图 10–18　泰姬•玛哈尔陵，外观

关注：

宏大的泰姬•玛哈陵墓从 1632 年动工到 1647 年建成，18 年间每天动用 2 万役工。除了汇集全印度最好的建筑师和工匠，还聘请了中东、伊斯兰地区的建筑师和工匠。此举更是耗竭了国库，导致莫卧尔王朝的衰落。作为一种外来的宗教文化，伊斯兰教因其更加倡导世间平等而获得了更多的民众支持。从 13 世纪开始，伊斯兰文化进入印度并融入了印度文化之中，直到 19 世纪中叶印度被沦为英国殖民地。

图 10–19　泰姬•玛哈尔陵，室内

图 10-20 贾玛清真寺

贾玛清真寺，室内，德里（Jama Masjid，Delhi，1644~1658 年）图 10-20

印度最大的清真寺之一，受伊斯兰文化影响的表现。该寺以原有佛寺建筑为基础改建，整座寺院平面呈四方形结构，内部空间分为三部分：中央以大型拱顶作为内部结构，排列的圆齿形券拱柱廊贯穿了整个室内外空间，两侧被分为两个大殿，往后则是相连带拱顶的小殿，上述做法足见穹顶与券拱技术在当时已经成熟。

印度家具与殖民文化

印度殖民时代的开始使得西方文化强制性植入，室内设计开始了多元化发展，例如门洞或窗架被设计成哥特式，另外也混杂着一些伊斯兰风格。家具上融合了欧洲形式并加以改进，成为印度特有的风格。而以印度纹样为主题的装饰则一直流传，这与信仰有关。

兼具西方殖民文化特征与传统纹样的印度家具 图 10-21

随着伊斯兰文化的影响，印度一些地区开始使用各种箱柜与矮桌，床的尺寸也被放大。印度湿热的气候使得木制家具难以保存，只有一些贵族陈设得以留存，如石雕、象牙、金属艺术品等。另外，藤制的沙发长椅也是典型的印度家具，但明显带有殖民风格。

孔雀王座，红堡皇宫，德里（Peacock Throne，Red Fort） 图 10-22

沙•贾汗国王的御座，采用上万克黄金制成，镶嵌翡翠、钻石等诸多宝石，背部用宝石雕成树状，并以彩色宝石嵌而成的孔雀立于树中。现今只剩下用银铸造的台阶。

图 10-21 印度家具，兼具西方殖民文化与传统纹样

图 10-22 孔雀王座，红堡皇宫

第 11 章　华堂溢彩——中国传统建筑与装修

作为世界最为悠久的古代文明之一绵延至今，中华文明多民族的历史背景、文化传统、生活习惯各有不同，建筑形态、构造和装饰各具特色，但传统古典建筑基本结构及部署原则都以木构系统为主。中国古典建筑的“三分法”，即台基、墙身、屋顶三部分中，庞大的屋顶是精华所在，斗拱、柱子、大门等各具特色。中国传统建筑结构的特殊性造就了室内设计的独特性，而中国传统的家具、园林、盆景艺术、手工艺和绘画等都对室内设计产生不同的影响。

宋元时期是中国木结构建筑的成熟时期，宫殿建筑及佛寺建筑是此时期最具代表性的建筑类型，遗憾的是木构建筑难以保存长远，室内装修更是难以为继。宋元时期的建筑遗存相当稀少，其中室内装修保存完好者更绝无仅有。现存古典建筑中保存良好并且室内装修遗存下来最多的来自明、清时期，也是中国古典建筑发展史上的最后一个高潮，延续了传统并继续发展成一个空前绝后的高峰，该时期的室内装修与设计也成为中国传统室内设计的典范。

图 11-1　皖南民居厅堂内月梁和其，它结构部件上的雕刻装饰

11.1 明清建筑装修的形式特征

中国传统建筑虽地域与建筑性质不同，但大多采用木结构框架体系，墙只起分隔空间而非承重作用，构件间以榫卯接合。重要的过渡件采用“斗拱”，复杂的斗拱体系使屋檐出挑较大，可遮阳、避雨，保护梁架，加大体量；屋檐翘曲可排雨、保护建筑基础和尽量接纳冬日阳光。官式及寺庙建筑与室内常施艳丽彩色，施用的颜色与材料按礼制规定，皆与建筑及主人身份、地位等级有关。中国古建筑很早就实行标准化设计，各个部分和构件都有严密的比例尺寸、统一的规范。

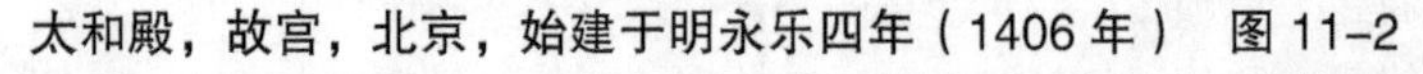

太和殿，故宫，北京，始建于明永乐四年（1406年）　图 11-2

中国现存最大的木结构大殿，俗称“金銮殿”，位于北京紫禁城南北主轴线的显要位置，明永乐十八年（1420年）建成。

图 11-2　太和殿，故宫

图 11-3　龙雕，故宫殿前

龙雕，故宫殿前，北京　图 11-3

明清的都城与宫殿的设计，极力体现皇权至上的思想，中国封建社会宗法观念的等级制度，在故宫的建筑和装饰中得到了典型的表现。如黄色为皇室，代表他们的尊贵；彩画题材以龙凤为最，锦锻几何纹样次之，而花卉只可用于次要的庭园建筑。

宝座与屏风金漆雕龙，太和殿内，北京　图 11-4

位于太和殿堂内中轴线上的宝座和其后的屏风金漆雕龙，高高置于台阶之上，象征皇权至高无上。宝座周围有象征太平的“象驮宝瓶”、象征延年益寿的“仙鹤”及香炉等。殿内种种装饰都反映出最高等级，突出显示了太和殿的崇高地位与帝王气魄。

图 11-4　宝座与屏风金漆雕龙

天坛祈年殿，外观与室内，北京，始建于明永乐十八年（1420）
图 11-5、图 11-6

坛庙建筑最典型的代表，为祭天和祈谷丰收而建造。祈年殿是天坛主体建筑，又称祈谷殿，为一座镏金宝顶、蓝瓦红柱的三层重檐圆形大殿。内部。金碧辉煌的彩绘和殿内的柱子具有丰富的象征涵义：内围的四根“龙井柱”象征一年四季；中围的十二根“金柱”象征一年十二个月；外围的十二根“檐柱”象征一天十二个时辰。中层和外层相加的二十四根，象征一年二十四个节气。三层总共二十八根象征天上二十八星宿。再加上柱顶端的八根铜柱，总共三十六根，象征三十六天罡。

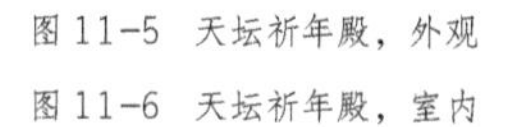
图 11-5　天坛祈年殿，外观
图 11-6　天坛祈年殿，室内

中国传统园林艺术

中国传统园林艺术在明清时达到顶峰，其中以江南私家园林最为典型，无论厅、堂、廊、榭、轩、亭、楼、阁，都有“可游”、“可观”、“可居”的性质。厅堂内部根据使用目的，用罩、隔扇、屏门等自由分隔。园林内住宅结构，一般为穿斗式木构架，梁架与装修仅加少数精致的雕刻，极少彩画，墙用白色、瓦青灰，木料则为栗褐色，色调雅素明净。室内普遍陈设各种字画、工艺品和精致的家具，突出了园林建筑的欣赏性，在空间处理上达到极高的美学境界。

退思园，苏州，清光绪年间（公元 1885~887 年）　图 11-7

位于苏州市吴江区同里镇，退思草堂为其主体建筑，位于池北，样式为四面厅型制，前有临水平台。

图 11-7　退思园，苏州

图 11-8 古猗园，上海南翔

图 11-9 扬州何园

图 11-10 网师园，内殿春簃

古猗园，上海南翔，明嘉靖年间（公元 1522~1566 年） 图 11-8

原名猗园，厅堂轩榭相接，山水建筑交映，尤以猗猗绿竹、幽静曲水、典雅建筑、楹联诗词及花石小路五大特色闻名于世。

何园，扬州，清光绪年间 图 11-9

又名“寄啸山庄”，由清光绪年间何芷舠所造，图为何园的复廊。该园特色是把廊道建筑的功能和魅力发挥到极致，1500m 复道回廊，是中国园林中绝无仅有的精彩景观。左右分流、高低勾搭、衔山环水、登堂入室，形成全方位立体景观，将中国园林艺术的回环变化之美和四通八达之妙发挥得淋漓尽致。

内殿春簃，网师园，苏州 图 11-10

小轩三间，西侧带一复室，窗明几净，最宜读书，为仿明式结构。轩北窗外，一树芭蕉，数枝翠竹，依窗而栽，绿意宜人。

明清寺庙空间特征

明清时期，各种宗教并存发展，异常兴盛，建造了很多大型庙宇，宗氏祠堂也广为流传。佛寺布局一般都是主房、配房等组成的对称多进院落形式。小型寺庙，则多为一进院落，进山门迎面就是大殿，两厢为僧房。

灵隐寺内殿，杭州 图 11-11

今日灵隐寺为清末重建基础上陆续修复再建的，布局与江南寺院格局大致相仿，全寺建筑中轴线上云林禅寺依次为天王殿、大雄宝殿、药师殿三大殿。

图 11-11 灵隐寺内殿

布达拉宫，外观与寺内，拉萨　图 11-12、图 11-13

位于拉萨市区西北的红山上，是一座规模宏大的宫堡式建筑群。建于公元七世纪中叶，建成后又进行过多次扩建，寺内各部分装饰（雕刻、壁画、彩画等）均体现藏族文化。喇嘛教建筑一般分两种形式，一种是和佛寺相近的宫室式木建筑；另一种是属于碉房式的砧石建筑。虽然体形各异，但基本使用相同的装饰手法，使整个建筑群艺术风格统一、协调。

图 11-12　布达拉宫，外观

化觉巷清真寺与省心楼，西安，1392 年　图 11-14、图 11-15

省心楼位于第三进院中央，是一座三层八角形的宣礼楼，按阿拉伯清真寺的传统，宣礼楼常在寺院的四周，且有多座，而省心楼则是中国式清真寺建筑的特色。伊斯兰教建筑在明清形成了具有中国特色的形式，主体建筑基本为汉族传统建筑样式，室内装饰带有彩画纹样，仍以阿拉伯文和植物纹为主，烘托浓烈的伊斯兰气息。

图 11-13　布达拉宫，寺内

图 11-14　省心楼

图 11-15　化觉巷清真寺寺内

图 11-16 老舍故居

中国民居特征

民居形式到明清时仍然没有多大的改变，较为典型的即北京“四合院”、“皖南民居”、陕西“窑洞”、广西“杆栏式”、云南“一颗印”及“闽西客家围屋”等。中国社会的家族特点决定了居住建筑的封闭型特征，往往随主人生命的节拍而存在和演变。中国没有纯粹的长子继承制度，讲究均分财产，分家而居，故再好的建筑在格局和功能上往往难以满足后代需求，室内也同样面临不断分化的格局。这是中国绝大多数民居建筑的命运。

老舍故居，四合院，北京 图 11-16

天井，皖南民居 图 11-17

敞开的前厅和精致的雕刻装饰是其最典型的特点。

图 11-17 天井，皖南民居

装饰材料与工艺进步

明清时期，砖已普遍用于民居砌墙，江南一带的“砖细”（指将砖进行锯、截、刨、磨等加工）和砖雕加工已很娴熟。琉璃面砖、琉璃瓦等质量提高，增加了色彩与应用范围。由于普遍使用砖瓦建造，作为结构构件的斗拱和雀替逐渐失去了实用意义，成为纯粹的建筑装饰。另一重要的装饰形式即为柱饰，用色十分讲究。京城一带尚红色，清中期之后逐渐按柱的断面形式分颜色，圆柱多用红色，住宅及园林回廊的方柱则用绿色。

雀替，清代民居构件 图 11-18

清代民居中作为结构构件的雀替已失去结构意义，成为纯粹的建筑装饰。

藻井下的盘龙金柱，太和殿，故宫 图 11-19

图 11-18 雀替，清代民居构件

图 11-19 藻井下的盘龙金柱

11.2　明清建筑内檐装修的设计

中国古典建筑多用木构架作房屋的承重结构，建筑物的重量全由木构架承托，墙壁只起围合与分隔空间的作用。园林中许多建筑甚至没有墙，只以屏门、隔扇等围合，室内外的分隔相对较模糊，建筑的装修常以屋檐为界，屋檐以内即室内，也称“内檐”装修。

藻井，养心殿，故宫　图 11-20

藻井是传统建筑中等级很高的天花装饰，一般位于室内屋顶正中央最重要的部位，多呈穹窿状，可由斗拱、木梁架设而成，也有较为简单的藻井。故宫内重要殿宇中大都施用藻井，采用贴金的浑金雕龙的做法，色彩绚丽，金碧辉煌。

图 11-20　藻井，养心殿

和玺彩画与旋子彩画样　图 11-21、图 11-22

明清时期的油漆工艺推动了彩画的发展，常用的有三大类：和玺彩画、旋子彩画、苏式彩画。和玺彩画仅用于宫殿，坛庙，等级最高；旋子彩画仅次于和玺彩画，范围较广。

图 11-21　和玺彩画

图 11-22　旋子彩画

园林建筑中的隔扇门　图 11-23

传统建筑的门窗，是内外装修的重要内容。主要有版门和隔扇门。版门一般用于建筑大门；隔扇门一般作建筑的内檐装修或内部隔断，是装饰的重点所在。

图 11-23　园林建筑中的隔扇门

保和殿内，故宫　图 11-24

殿内金砖铺地，坐北向南设雕镂金漆宝座。明清建筑的室内多用砖地面，宫殿建筑的室内以方砖居多，园林和民居则多采用青砖铺地。

图 11-24　保和殿内，故宫

图 11-25 园林建筑中的落地罩

园林建筑中的落地罩 图 11-25

空间分隔物也属内檐装修，“罩”属于室内开敞的装修形式，用于分隔室内空间，位于两柱之间，使较大的空间被分隔成彼此区分又相互流通的若干小空间，并构成框景，创造丰富的空间层次。

中国传统家具的特征

中国传统家具的特征之一是用材合理，既发挥性能又充分展现材料本身的色泽与纹理；之二是框架式的结构方法符合力学原则，同时也形成了优美的立体轮廓；之三是雕饰多集中于辅助构件上，在不影响坚固的前提下，取得了重点装饰的效果。明清家具各具特点，明式家具以简洁素雅著称，讲究功能，繁简得体。清代家具开始趋向于复杂，外观华丽而烦琐，以至于忽略了造型、功能和结构的合理性。

明清室内陈设风格

明清时期，室内陈设多以悬挂在墙壁或柱面的字画为主。一般厅堂多在后壁正中上悬横匾，下挂堂幅，配以对联，两旁置条幅，柱上或在明间后檐金柱间置木隔扇或屏风，上刻书画诗文、博古图案。在敞厅、亭、榭、走廊内则多用竹木横匾或对联，或在墙面嵌砖石刻。墙上还可悬挂嵌玉、贝、大理石的挂屏；桌、几、条案、地面置大理石屏、盆景、瓷器、古玩、盆花等。这些陈设色彩鲜明，造型优美，与褐色家具及粉白墙面相配合，形成一种瑰丽的综合性装饰效果。

明清家具陈设，网师园“看松读画轩”内 图 11-26

玲珑馆，拙政园，苏州 图 11-27

环境清幽洁静，为闲居读书之处。馆内正中悬有“玉壶冰”的横匾，摘自南朝鲍照“清如玉壶冰”之诗句，借景色以喻主人自己的心境。玉壶冰额两侧有楹联：“曲水崇山，雅集逾狮林虎阜；莳花种竹，风流继文画吴诗”。馆内窗格纹样及庭院铺地均用冰裂纹图案。

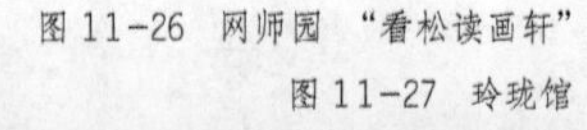

图 11-26 网师园“看松读画轩”

图 11-27 玲珑馆

第 12 章　纷繁靡丽——英国维多利亚时期风格

亚利山德拉 • 维多利亚（Alexandrina Victoria）于 1837 年继承王位（当时年仅 18 岁），在位时间长达 63 年，是英国历史上统治时间最长的一位君主。“维多利亚时代”一度被认为是英国工业革命的顶点，也是大英帝国经济文化的全盛时期。该时期英国盛行的文艺运动流派包括古典主义、新古典主义、印象派艺术以及后印象派等；建筑以简洁的形式重现了以往各个时代的古典风格，如希腊风格、中世纪哥特式风格以及文艺复兴时代的风格；室内设计因技术进步推动了装饰的发展，却也在后期导致过度繁缛，并成为这一时期的重要特征。

图 12-1　宾夕法尼亚美术学院，楼梯厅

12.1 维多利亚时代的风气

19世纪中期，英国殖民地不断扩张，经济贸易占据了优势地位，而传统的贵族阶级则逐渐丧失在经济、政治中的优势。工业革命带来的资本主义经济发展催生出大批富裕的中产阶级，这个阶级成为此时建筑师、装饰工匠们服务的主要群体。以往由技艺高超的工匠为贵族阶级手工制作的各种室内陈设和装饰，成为中产阶级效仿的对象。不同的是，费事而昂贵的工艺过程借助新型工业技术，得以大量地廉价生产。于是，该时期的装饰成为所有设计的主题，各种时期的风格装饰和室内陈设汇聚一堂，繁缛甚至过度的装饰为这一时期的重要特征。这种风气的流行，是在资本主义发展初期，社会繁荣稳定发展时的必然过程；而日后的一些设计运动，如英国的“艺术与手工艺”运动和欧洲“新艺术”运动，也是以针对这种过度装饰为原因而兴起的。

工作室内景，1900年，维多利亚时期 图12-2

即使是当时较朴素的室内空间，装饰也是必不可少的，例如图中壁炉台上的织物。从18世纪末到19世纪初，工业化的生产方式及大量出现的日用产品给公众的审美观念带来巨大冲击。早期维多利亚时代，居住型室内环境已出现“管道煤气”的雏形，应用于家庭照明与保暖，如图中壁炉的使用，烧煤的铁炉置于地下室，通过管道和暖气片使室内温度得以保持。城市中出现工业化自来水管道和排污系统，普及了抽水马桶和淋浴器等设备，改善了卫生环境并使之成为城市住宅必备的基本设施。这些设备在过去仅属于上层社会，而今因技术推动变得简单易行且逐渐大众化。

图12-2 工作室内景

关注：

当时的英国中产阶级大量生产、购置居室装饰品，如墙纸、纺织品和地毯等，并仿效宫廷觐见厅（宫廷内过去用于接待贵宾的房间）的装饰以突显他们优越的社会地位。

休息室，纽约，1984 年，维多利亚时期　图 12-3

今日广为流行的“下午茶”形式源起于这一时代，“茶话舞会”成为一种社交形式并滋生出各种礼仪，因而对空间布局有了更高要求，装饰的作用日益突出，一跃成为民众生活中彰显品位与身份的重要部分。图中整体装饰受法国风格影响，充满浮华的装饰元素，混合了 19 世纪晚期的各种装饰风格。顶部线条、帷幔流苏、镜面装饰、皮毛地毯、皮质或丝绒坐具、地面拼花等元素，普遍运用于当时的家庭装饰，空间常呈现极度丰满甚至“堆砌”之感，但满足于中产阶级社交、聚会、闲谈等多重需要。

图 12-3　休息室

维多利亚皇家火车，车厢内部　图 12-4

产于 1850 年，专供女王个人旅行之用的列车，内部完全维多利亚风格进行装饰：家具布置丰满，流苏和花边随处可见，从天花到家具包括台灯等小物件在内均用包套覆盖，便于柔软舒适，车门雕琢了哥特式尖券细节。整个车厢丝毫不见火车特有的轨道交通方面的特征。在车厢客厅的幽闭处设有盥洗室，“厕所设备”隐藏于沙发内。二十多年后，抽水马桶于 1874 年首次出现在特等列车上，到 19 世纪 80 年代末，已普及到包括三等列车在内的众多车型。

图 12-4　维多利亚皇家火车，车厢内部

维多利亚式的室内设计很难给以界定，多种样式相混合，装饰没有明显的创新。室内较多呈现昏暗状，因当时的观念认为，昏暗和烛光代表浪漫与享受，因此阴暗的格调不仅作为一种时尚，也是身份的体现。各种陈设布置大都重装饰而轻实用，尤其是浮雕装饰广泛应用于各种住宅中，便于增加质感。墙纸、护墙板、瓷砖拼花等也是惯用手法。但新兴的中产阶级往往缺乏欣赏眼光和美学品味，对风格的准确性定位没有太多研究兴趣，这种簇拥式的缤纷装饰虽然视觉上十分华丽，但必然缺乏统一和谐的美感。不过，该时期在建造方法上有所改进，对原有风格的多种自由组合和重新演绎，最终形成了“维多利亚式”的主流风格。

泰特斯费尔德府邸，萨默赛特，英国（Tyntesfield House，Somerset，1863 年）外观、楼梯间、画室、塔楼室内　图 12-5~ 图 12-8

由约翰·诺顿（John Norton，1823~1904 年）设计，典型的维多利亚混合式设计风格。可以看出设计与哥特式颇有关联，到处是仿哥特式的木作和粗糙的彩色地砖，也有一些不同于哥特式的凸窗、角楼和塔型。房间内家具布置饱满，形式多样，略显填塞。墙壁上悬挂或陈列着来自中国和日本的画作、花瓶及瓷器。其他细部装饰细腻、复杂，以尽力展现中产阶级的安逸富足。在当时，这类混杂了各种风格的住宅式样遍布英国乡村，也导致很容易与早期的历史建筑相混淆。

图 12-5　泰特斯费尔德府邸，外观

图 12-6　泰特斯费尔德府邸，楼梯间

图 12-7　泰特斯费尔德府邸，塔楼室内

图 12-8　泰特斯费尔德府邸，画室

12.2 家具与室内设计原则

在维多利亚时代，理查德•诺曼•肖堪称横跨该时代极具影响的设计师。其漫长的设计生涯创作了大量维多利亚式作品，包括银行、教堂、办公楼等。肖氏的教堂设计基本属一成不变的哥特复兴式，以至于很难与中世纪哥特式教堂区别开来。他也是第一个把铁结构和新型电灯运用于住宅装饰的设计师。1870 年间，肖氏发展了一种更具创新的独特样式，即日后为人熟知的“安妮女王式”。这一样式与 18 世纪早期的安妮女王并无多少关联。肖氏的安妮女王式风格遍及乡村住宅和伦敦的城镇住宅，根据内部结构“由内而外”推生出不规则、不对称的外部形态，装饰材料以红砖和经过白漆粉刷的木条为主。设计中经常是一扇大窗户内包含有许多彩色小玻璃窗格，凸窗也是常见特色。为体现温暖感，肖氏经常在室内镶嵌护壁板，在壁炉边摆设一些高背长椅和厚重家具，此手法在别的住宅设计中也多有表现。

克拉莎府邸，诺森伯兰郡，英国（Cragside House，Northumberland）
图 12-9~ 图 12-11

由理查德•诺曼•肖（Richard Norman Shaw，1831~1912 年）设计，是当时第一座采用水力发电进行照明的住宅。该府邸属于肖氏的早期作品，呈哥特复兴式，采用半木构与砖石混合的结构，也称作“老英式”。这种风格多用于乡村住宅，不但外观优美浪漫，室内布置上也显得合理。

图 12-9　克拉莎府邸，卧室

老天鹅酒店，切尔西，伦敦（Old Swan House，Chelsea，London），正门立面、窗栏细部、外立面 图 12-12~ 图 12-14

由理查德·诺曼·肖设计。外部的红砖与经过白漆粉刷的线条结构、窗栏均呈现肖氏的“安妮女王”风。一楼的起居室是主要房间，横跨了正门面向街道的等比宽度，并在立面上把三扇窗户并置到一个房间。

图 12-10 克拉莎府邸，外观
图 12-11 克拉莎府邸，室内

图 12-12 老天鹅酒店，正门立面

图 12-13 老天鹅酒店，栏杆细部

图 12-14　老天鹅酒店，外立面

12.3 英国的维多利亚式风格

这一时期的设计分为两个极端：一方面表现在工业、交通和科技领域中，依然保持以实用主义的功能性传统，另一方面则体现于宗教、政府及家庭领域，倡导华丽装饰。这两个极端在“水晶宫”博览会上表现十分突出。阿尔伯特亲王（Prince Albert）对工业设计和设计教育十分关注，亲自推动并促成了 1851 年万国博览会的开展，场馆选址伦敦海德公园，要求建设需在一年内完成，且内部空间必须宽敞明亮，并能便于事后拆迁。园艺工人约瑟夫·帕克斯顿以开创性方式在短期内完成任务。但场馆建筑与馆内展品形成了对比，工业产品占据多数比例，展品大多造型粗陋却加以各式纹样企图作为弥补，反映出维多利亚时期过分矫饰做作的一大特点。水晶宫作为工业化来临的显著标志，也引起主流知识分子的批判，舆论大都强调技术必须与美学相结合的思想，对博览会和大批量机器生产持反对意见。但需要意识到的是，世界经济的出现和发展意味着市场会影响消费者的审美情趣，无论怎样努力，由少数精英建立一种万能的设计准则已不再可能。

关注：

新兴中产阶级经常将多种风格堆砌在一起，将各时期的风格装饰和陈设汇聚一堂，但不仅仅是简单复制这些风格样式，而是运用新的材料融入各种元素，在建造方式上也有所改进。可以说，该时期是对原有风格进行多种自由组合和重新演绎，形成自身新主流的创造时期。

孔雀大厅（Peacock Room） 图 12–15、图 12–16

画家惠斯勒（James McNeill Whistler，1834~1903 年）设计，项目受托于船业大亨雷兰（Frederick Leyland），为其设计住所客厅。孔雀大厅堪称当时的美学精品。雷兰既是商人也是日式陶瓷收藏家，惠斯勒为体现主人品位，装饰手法颇为独特：墙壁采用皮革装饰，并用绿松石和金色的孔雀羽毛作为点缀，这一手法成为典型的象征符号。

图 12-15、图 12-16 孔雀大厅

伦敦水晶宫复原图（The Crystal Palace，London）　图 12–17

伦敦水晶宫复原模型　图 12–18

园艺工人约瑟夫•帕克斯顿（Joseph Paxton，1803~1865 年）以花房温室为建造原理，创造性地采用钢铁和玻璃，以标准预制装配和模数制方式在工厂批量生产各个部件，仅在不到半年的时间就成功建成。馆内光线充足，好似一栋放大了的温室，奇特的造型、良好的采光都使世界各国来宾震惊或赞叹，“水晶宫”由此得名，这栋建筑在博览会结束后被完整地拆迁至伦敦南部的塞登汉（Sydenham），直至 1936 年毁于一场大火。

图 12-17　水晶宫复原图

图 12-18　水晶宫复原模型

图 12-19 舒墨别墅，外观

12.4 维多利亚风格对美国的影响

独立战争之后的美国，在室内设计上与英国维多利亚时期的发展进程相似，根源在于大量农民阶层转变为“中产阶级”的城市居民，身份的变化与财富的增加引发他们对英国贵族生活的向往，在建筑样式和室内设计上也倾向于精美复杂，更富装饰意味。目前美国现存最完好的维多利亚式庄园建筑，大量聚集于位于罗德岛的纽波特庄园（Newport Mansion）。纽波特庄园堪称美国 19~20 世纪之交一绝，后其中部分因维护成本过高而捐赠于公共事业。

图 12-20 舒墨别墅，会客厅

舒墨别墅（Chateau Sur Mer） 图 12-19~ 图 12-22

呈联排组合结构，整齐且富有秩序。纽波特庄园的别墅内部都体现出科技进步与极致奢华的结合，如中央供热（热空气）、自来水、煤气等。强调维多利亚式垂直比例，顶棚和门窗设计通常高又窄，有了中央供暖后依然保留壁炉作为装饰之用，且精心装饰过的壁炉架常延伸至顶棚。室内的自然光线效果依然不理想，部分出于建筑结构，也可以推断出英式观念中对“昏暗”的理解，在美国的维多利亚式发展中也得到传播。

图 12-21 舒墨别墅，卧室

图 12-22　舒墨别墅，室内

金斯科特府邸（Kingscote，1839 年），外观与室内　图 12-23~ 图 12-25

于 1881 年扩建，带有木作哥特式与木板房式结合的特点。室内的拱形装饰与细滑曲线极大地提升了室内空间的精致感，平面布局有意制造不连贯的感觉，立面上不断以嵌板、墙纸、小格拼花（类似马赛克形态）、壁炉等典型的维多利亚式特色元素，装饰复杂却散发舒适感。

图 12-23　金斯科特府邸，外观

图 12-24
金斯科特府邸，室内

图 12-25
金斯科特府邸，会客室

梅森 & 汉姆林风琴（Mason & Hamlin） 图 12-26

早期的维多利亚式风琴，外形轮廓和精工细作的木刻均反映出当时盛行的样式风格，也称“木工哥特式”，对装饰的要求几乎高于乐器本身的功能性，这类过于烦琐的样式和当时许多与之类似的家具，也称“伊斯特莱克家具”。

图 12-26 梅森 & 汉姆林风琴

伊斯特莱克

“伊斯特莱克”一词来源于当时颇具突破的理论发展。1868 年，伦敦出版了查尔斯・洛克・伊斯特莱克（Charles Locke Eastlake）的《关于家庭情趣的建议——家具，家具装饰业及其他细节》（Hints on Household Taste，in Furniture，Upholstery and Other Details），书中批判了职业装饰公司的工作，斥责它们鼓励瞬间潮流的做法。伊斯特莱克推崇古式家具，结合自己风格形成哥特式复古设计。例如将柜子、长凳和书橱等都装饰成尖顶拱形结构，配有哥特式雕刻。伊斯特莱克的出版物影响很大，美国大量生产他提倡的“艺术家具”，又称“伊斯特莱克具”。

宾夕法尼亚美术学院（Pennsylvania Academy of the Fine Arts，1871~1876 年） 图 12-27~ 图 12-30

由弗内斯设计，典型的维多利亚式风格。图 12-28 展示的是通往二层的大楼梯，室内频繁使用维多利亚式的短柱和尖券，有别于历史先例。空间渗透着恰到好处的几何美感，强烈而统一的色彩与图形化的墙面装饰形成对比，红、蓝、白相结合的配色设计使空间简单、空阔、纯净，很好地衬托了墙面的复古雕饰与艺术品陈设，令整体感觉耳目一新。可以从雕刻、灯具装饰等细节明显感受到维多利亚式的语言，但摒弃了过度繁复与堆砌。

图 12-27 宾夕法尼亚美术学院

图 12-28 宾夕法尼亚美术学院，楼梯转角

图 12-29 宾夕法尼亚美术学院，二楼楼梯厅

图 12-30 宾夕法尼亚美术学院，楼梯厅

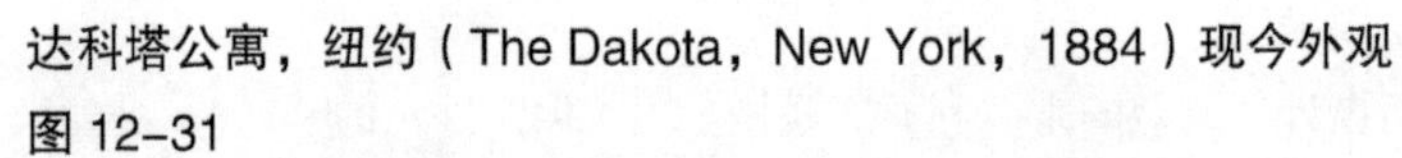

达科塔公寓，纽约（The Dakota，New York，1884）现今外观 图 12-31

图 12-31 达科塔公寓，今日外观

华尔道夫酒店（Waldorf Hotel，New York，1893），外立面 图 12-32

由亨利·哈登伯格（Henry J. Hardenbergh，1847~1918 年）设计。达科塔公寓从外部造型可以看出混合着英国维多利亚时期的建筑特征，如拱券、阳台、角楼、屋顶和烟囱等，带有北方德国的文艺复兴时期特征。至今依然是纽约最珍贵的公寓建筑之一。华尔道夫酒店的特色在于房间沿着光亮布置，尽量保证每个房间都拥有足够的进光量。部分房客还拥有自己选择壁纸、窗帘、地毯、家具等权利，如同居住于豪华的私人住宅中。

图 12-32 华尔道夫酒店，外门立面

震教设计（Shaker Design）

存在于美国本土的另一种截然相反的设计风格，完全脱离于维多利亚风格，却得以惊人的流行。震教是一个主张节制的无名宗教团体，最初是为躲避宗教迫害，于 1774 年从英国迁至美国的。教徒们把村庄建造在农田中央，作为社团，成员们以公正淳朴的公社形式分担工作并共享成果。到了 1800 年，这类村庄社团得到壮大；1830 年，震教设计达到高峰，成为美国维多利亚时期独树一帜的风格。震教追求与世隔绝的宁静，教徒们以自给自足的方式维持生计并建造属于自己的房屋。室内设计上崇尚简朴，完全脱离装饰，仅包含简单的设施如床架、木制脸盆架等，几乎无多余装饰；木制结构通常在外表面漆上蓝色漆，即震教徒称作的“天堂蓝”；墙壁采用原白色，地面用木板拼贴，光洁且便于打扫；沿着墙壁钉有小螺钉，便于挂围巾、帽子、外套等；家具简洁，讲究比例尺度，细节处理恰当。

汉考克震教村庄，外观与室内各空间布置（Shaker Furniture Characteristics with hardwood material）　图 12-33~ 图 12-39

图 12-33　汉考克震教村庄，室内过道

图 12-34　汉考克震教村庄，卧室书桌

图 12-35　汉考克震教村庄，外观

图 12-36 汉考克震教村庄，墙面挂椅
图 12-37 汉考克震教村庄，房内储存柜

图 12-38 汉考克震教村庄，集体座椅与乐谱架
图 12-39 汉考克震教村庄，墙面搁架

工业革命带来的资本主义经济催生出大批富裕的中产阶级，成为当时服务的主要群体。中产阶级热衷于效仿以往精工细作的室内陈设，对各时期风格汇聚一堂所带来的结果，导致维多利亚风格由繁缛走向为过度装饰。在资本主义发展初期，这种风气是社会发展的必然过程，中产阶级对于设计的舒适性追求，主要出于视觉而非生理，渴望展现自身财富与生活的安逸。而日后产生的一些设计运动，如英国的“艺术与手工艺”运动和欧洲“新艺术”运动，也是针对这种过度装饰而兴起的。

第 13 章　尚古雅今——艺术与手工艺运动

"艺术与手工艺运动"（the Arts & Crafts Movement）得名于 1888 年成立的艺术与手工艺展览协会（Arts and Crafts Exhibition Society），因研究观点与背景不同，这一运动在业界也被称作"美学运动"、"工艺美术运动"。这场设计改良运动起源于 19 世纪下半叶的英国，大致时间在 1859~1910 年，初衷是为抵抗工业革命的批量生产所导致设计准的下降，致力于为维多利亚时期的中产阶级创造一个更加精巧细致、充满艺术品位的室内空间，期望能够复兴以哥特风格为主导的中世纪手工艺风气。这一运动对 20 世纪的设计产生了深远的影响。

图 13-1　克兰图书馆，昆西，马萨诸塞州

13.1 英国与“艺术与手工艺运动”

图 13-2 《良心觉醒》，绘画作品

《良心觉醒》，1854 年 图 13-2

作者威廉 • 霍尔曼 • 亨特（William Holman Hunt，1827~1910 年），英国拉斐尔前派的领袖画家。画中的“爱巢”主题很大程度表现在华丽的家具装饰上，例如钢琴一端的绘画装饰尤显突兀。

奥古斯都 • 韦尔伯 • 普金（Augustus Welby N.Pugin，1812~1852 年）图 13-3

受中世纪文化影响，竭力倡导哥特样式的代表人物之一，领导了一场推崇“哥特风格”的运动，坚持认为“哥特”代表基督教正义社会，能够与具有种种弊端的 19 世纪工业化社会形成对比。维多利亚时代的“哥特式复兴”主要受其理论与设计的激发，他提出在早期哥特样式中寻求结构简洁、装饰和谐、尊重材料固有特性的设计理念，这一思想广泛体现在其家具作品中，并展出于 1851 年水晶宫博览会。这种风格一直延续到 20 世纪，并渗透进“艺术与手工艺运动”的进程中。

《尖券或基督教建筑之原理》（The True Principles of Pointed or Christian Architecture，1841 年） 图 13-4

普金的两部最主要著作之一，另一部名为《对照》(Contrasts，1836 年)。《尖券》（简称）内容更加翔实，作者在书中将自身的天主教信仰与 13-15 世纪的建筑思想关联呈现。

《建筑的七盏明灯》（The Seven Lamps of Architecture，1849 年）图 13-5

作者约翰 • 拉斯金（John Ruskin，1819~1900 年），19 世纪英国艺术与设计界的先驱作家。另一部作品《威尼斯之石》（The Stones of Venice，1851~1853 年）也对当时的室内设计产生影响。拉斯金社会责任感强烈，反对精英主义设计，否定造型与艺术分离，呼吁艺术应走向社会。他同样反感工业化粗制滥造，崇尚“哥特”艺术，但其设计思想有时也显自相矛盾，既反对工业化的同时又提倡艺术与工业技术结合。拉斯金敏锐地发现了工业化生产带来的一系列社会问题，尽管理论仅停留在探索表层，但作为“艺术与手工艺运动”的发起者，其思想成为带动整场设计运动的重要精神。

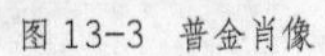

图 13-3 普金肖像

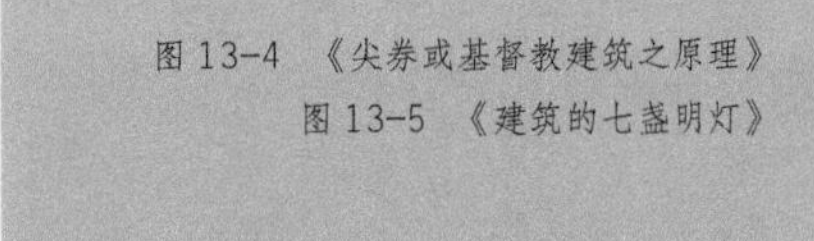

图 13-4 《尖券或基督教建筑之原理》
图 13-5 《建筑的七盏明灯》

威廉 • 莫里斯（William Morris，1834~1896 年） 图 13-6

受拉斯金倡导“回归自然”的影响，后成为“艺术与手工艺运动”的发起人之一，奠定了室内设计、家居装潢及产品生产的发展基础，促成这一领域演变为一项合理而盛行的事业，对室内设计的发展具有重要意义。在设计上反对维多利亚样式、机械和工业化，力图复兴中世纪优雅风格，努力实现功能与装饰的和谐统一，影响了一代英美设计师。他不仅促进了设计革新，也发展了教学方法，采用手工制作产品的方式训练设计师，将以往设计、制作分离的两个过程融合在一起。

图 13-6 威廉 • 莫里斯

红屋，肯特郡，英国（The Red House，Kent，England，1860 年） 图 13-7~ 图 13-9

莫里斯的婚居，位于英国肯特郡，设计者菲立普 • 韦伯（Philip Webb，1831~1915 年）。以英式红砖为主材，和谐再现了中世纪与 17 世纪的艺术特征。室内布置由当时的年轻艺术家们共同完成（皆是莫里斯的好友），包括房屋的设计者韦伯、“拉斐尔前派”艺术家但丁 • 加百利 • 罗赛蒂（Dante Gabriel Rossetti，1828~1882 年）以及年轻的艺术家爱德华 • 伯恩 – 琼斯（Edward Burne-Jones，1833~1898 年）。空间完全有别于维多利亚时代的主流，门廊的简单楼梯和橱柜式样可以觉察出与“哥特”的关联；设施与家具简洁坚固，从楼梯、横梁到家具制造等，所需建材均选用栎木而非珍贵的红木；厅内布满红色瓷砖，内部所有纺织品均由莫里斯及其友人亲自设计、制作。

图 13-7 红屋，外观

图 13-8 红屋，顶部局部装饰构造
图 13-9 红屋，入口玄关

图 13-10 绿色餐厅，窗与墙面装饰

绿色餐厅（Green Dining Room，1865~1867 年） 图 13-10、图 13-11

莫里斯成立设计公司期间最重要的室内商业作品之一，位于伦敦“南肯辛顿博物馆”(South Kensington Museum，即现在的维多利亚与阿尔伯特博物馆）内。由菲立普·韦伯总体把握餐厅的室内布局，包括一些墙壁图案在内的装饰设计，风格源自日本浮世绘；伯恩·琼斯负责彩色玻璃与护墙板等设计，风格为文艺复兴式。

图 13-11 绿色餐厅，室内立面装饰

苏塞克斯椅（Sussex） 图 13–12

由但丁•加百利•罗赛蒂设计，莫里斯公司出品，再现了早期乡土风格的纯粹美感。椅子作品是 19 世纪 80 年代的“艺术与手工艺运动”之关键，重在带有明显的手工痕迹，包括可见的榫卯结构。结构部件表露得越清晰，与机器雕刻的对比就越强烈，也越能展现其主流品位。

图 13-12 苏塞克斯椅

怀特威克庄园，室内与外观（Wightwick Manor，Staffordshire）图 13–13、图 13–14

莫里斯在家居设计方面的突出作品，位于英国斯塔福德（Staffordshire）。室内家具及纺织品应该都来自他本人的公司生产，尤其是地毯样式丰富多样，表明他的公司在这些领域足具优势且颇受欢迎。

图 13-13 怀特威克庄园，室内

图 13-14 怀特威克庄园，外观

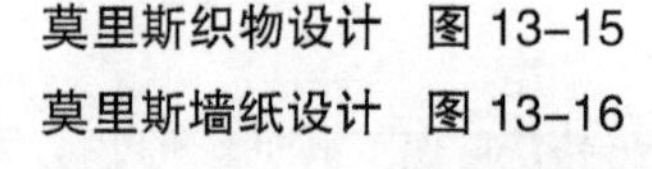

莫里斯织物设计　图 13-15
莫里斯墙纸设计　图 13-16

艺术与手工艺运动在设计思想上是一个复兴旧时运动，对现代设计思想的启迪不大，莫里斯及艺术与手工艺运动对随后的室内设计主要影响大多存在于形式方面，例如其纺织品纹样独树一帜，但其自然风格却影响了 19 世纪 90 年代的美国。“艺术与手工艺运动”在美国的延续时间比英国长，背景也不同于英国或其他欧洲国家。美国人没有太多顾虑，发展“艺术与手工艺运动”很大程度上是希望能够突破受欧洲传统风格的单一影响，仅仅是一种设计思潮而已。因此这一运动在美国的发展，倾向于从国外传统风格中吸取各种养料，为日益富裕的美国中产阶级设计更理想的住宅环境。

图 13-15　莫里斯织物设计
图 13-16　莫里斯墙纸设计

13.2 美国与“艺术与手工艺运动”

直到 19 世纪 90 年代，发源于英国的“艺术与手工艺运动”才对欧洲大陆的设计产生影响，它对“新艺术”运动的产生以及现代主义运动的开始都起了积极的促进作用。此时的美国在室内设计上开始形成一种民族特征，个人主义表现越来越强烈，但又深受英国莫里斯等人的自然主义风格影响。

美国的许多组织按照英国的模式建立，包括成立于 1885 年的美国艺术工作者协会（American Art Workers' Guild），建于 1897 年的芝加哥艺术与手工艺协会（Chicago Arts and Crafts Society）和 1899 年成立的明尼阿波利斯艺术与手工艺协会（Minneapolis Arts and Crafts Society）。美国人通过一些重要理论家的巡回演讲，了解英国动态，特别是设计师克里斯托夫•德雷赛（Christopher Dresser，1834~1904 年）在 1876 年举行的演讲，影响甚广。

边桌，古斯塔夫•斯蒂克里设计，1632 年　图 13-17

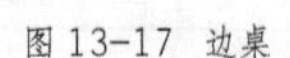

图 13-17　边桌

储藏柜与可调节靠背座椅，古斯塔夫·斯蒂克里设计　图 13-18、图 13-19

古斯塔夫·斯蒂克利（Gustav Stickley），美国"艺术与手工艺运动"的领军人物，其家具设计大多造型厚重，以实心橡木为主料，装饰简化到最低程度，手工制作的木构节点、铁质五金、皮革套垫等既体现功能，又作为装饰。其流行广泛，常被称为"教会风格"（Mission）。后创办杂志《手艺人》（Craftsman），宣传威廉·莫里斯的思想，增进人们对手工艺的关注，介绍自己的产品与设计理念。

图 13-18　储藏柜

图 13-19　可调节靠背座椅

圣三一教堂，波士顿（Trinity Church，Boston，1877），外观与室内图 13-20、图 13-21

亨利·霍布森·理查森（Henry Hobson Richardson，1838~1886 年）设计，美国早期颇具国际影响力的建筑师。教堂外部质感粗糙，内部精致且色彩丰富，表面都覆盖彩色图案，彩色玻璃由蒂凡尼（见下文）设计。圣三一教堂是理查森的第一件杰作，其作品通常被称作"罗马复兴式"，但极具创新，逐渐从复古走向简化，保留精制的石拱和半圆形拱券。

图 13-20　圣三一教堂，外观

图 13-21　圣三一教堂，内殿

图 13-22 克兰图书馆，外观

克兰图书馆，昆西，马萨诸塞州（The Thomas Crane Public Library, Quincy, Massachusetts，1882 年）

图 13-22、图 13-23

由亨利·霍布森·理查森设计，因具有革命性创新而享有盛名。主空间为两层通高的大厅，中间的阅览室宽敞开阔，顶棚、棚架、入口处地板和阳台均为木材，桌椅灯具也都出自理查森亲自设计。扶手椅均带纺锤形椅背，造型优雅简洁，在他的室内设计中经常可以看到。

斯托顿别墅，坎布里奇，马萨诸塞州（Stoughton House, Cambridge, Massachusetts，1883 年），资料照片与今日外观 图 13-24、图 13-25

图 13-23 克兰图书馆，室内阅览室

图 13-24 斯托顿别墅，资料照片

图 13-25 斯托顿别墅，今日外观

斯托顿别墅，室内，资料照片 图13-26、图13-27

由亨利•霍布森•理查森设计，作品体现其注重就地取材、结合本地建筑方法、考虑本地环境的基本原则，也是源自对艺术与手工艺运动的思考。选用本地盛产的木材、木瓦，采用非对称平面，注重功能，内部布局自由率性，在当时的美国建筑界可谓耳目一新。

图13-26 斯托顿别墅，室内

图13-27 斯托顿别墅，室内

马汀别墅，草原住宅系列之一（Darwin Martin House，Prairie Style）图13-28

由弗兰克•劳埃德•赖特（Frank Lloyd Wright）设计，美国现代建筑和室内设计的重要奠基人之一，早期深受亨利•霍布森•理查森影响。赖特始终将英国艺术与手工艺运动的影响与日本艺术融于一体，其“草原住宅”（Prairie Style）系列中广泛采用低矮且强调横向延伸的大屋顶，便是源自日本建筑特点。

图13-28 马汀别墅，外观

图13-29 罗比别墅，外观

罗比别墅（Robie House），外观与室内 图13-29、图13-30

弗兰克•劳埃德•赖特设计，他在该时期也进行家具创作。罗比别墅的室内风格反映出其家具设计带有中国明代风格特征。相较于其他设计师，赖特不拘泥于东方细节，而是更加注重纵横线条的装饰效果。其个人风格在漫长的设计生涯中也不断发生变化。

图13-30 罗比别墅，天花与立面造型

图 13-31 甘布斯别墅，外观
图 13-32 甘布斯别墅，室内

甘布斯别墅，帕萨迪纳，加利福尼亚（Gamble House，Pasadena，California，1908） 图 13-31、图 13-32

“格林兄弟”——查尔斯·萨姆那·格林（Charles Sumner Green）和亨利·马瑟·格林（Henry Mather Green）设计，加利福尼亚州“艺术与手工艺”风格（亦称加州风格）住宅作品代表。建筑中清晰可见内部接合在一起的木制构架，接合点用销子固定，制作工艺几近完美，构造细节都具有显著的视觉特征。家具采用手工制作，有色玻璃随处应用于门窗和其他照明装置。空间设计关键在于将平台、走廊和院子相连通，使室内和花园融为一体，与英式住宅一贯秉持的布局原理截然不同。

蒂凡尼的玻璃作品 图 13-33~ 图 13-36

路易斯·康福特·蒂凡尼（Louis Comfort Tiffany，1848~1933 年），以奢侈品制作闻名，开创了染色玻璃制品并将之带入设计领域，其彩虹色玻璃技术在 1880 年申请了专利，即后来的“法夫赖尔”（Favrlle）玻璃，意为“手工制作”。蒂凡尼的玻璃画作品中部分以基督教为题材，早期（1890 年以前）作品大都近于抽象，后将染色玻璃技术应用于灯具及花瓶制作，其作品渗透简洁和自然，对当时大众看待和思考手工艺品的方式产生很大影响。

图 13-33、图 13-34 蒂凡尼作品

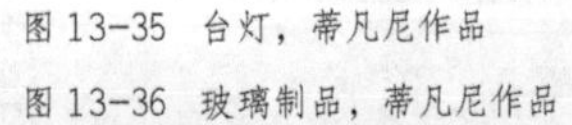

图 13-35 台灯，蒂凡尼作品
图 13-36 玻璃制品，蒂凡尼作品

13.3 向现代设计过渡

莱奇沃斯的经济型住宅（Letchworth Cheap Cottages，1905 年）图 13-37

贝利•斯科特（MacKay Hugh Baillie Scott，1865~1945 年）设计，与沃伊齐同时代齐名。作品位于赫特福（Hertfordshire）"花园城"（Letchworth Garden City），是当地的住宅区之一。因主要面向工人阶层，故采用较为经济的"艺术与手工艺"风格，目的是提供注重实用、健康的功能性空间。

图 13-37　莱奇沃斯的经济住宅

果园，乔利伍德，赫特福德郡（The Orchard，Chorleywood，Hertfordshiree，1899 年），资料照片　图 13-38~ 图 13-40

查尔斯•佛朗西斯•安斯利•沃伊齐（C.F.A.Voysey，1857~1941 年）设计，他是深受"艺术与手工艺运动"影响的第二代英国建筑师之一。"果园"为设计师自住住宅，依照传统英式乡村风格设计，室内格调朴素，但比例表现大胆，如厅堂大门的高度被提升到挂镜线之上，顶部的金属铰链几乎横跨大门，使大门在视觉上产生延展宽度的效果。设计的另一特点是将室内的木制品及天花都漆成白色，并结合大面积玻璃窗，这一做法尤其体现在餐厅，令空间显得十分敞亮。在讲求统一标准化的早期维多利亚时代，"果园"独树一帜的设计表明了沃伊齐对"艺术与手工艺"的精髓理解：用追寻本土、纯粹的工艺手法来设计房屋空间。

图 13-38　果园，外观

图 13-39　果园，室内书房

图 13-40　果园，室内会客厅

图 13-41 麦克默多的椅子设计

图 13-42 麦克默多的桌子设计

麦克默多的家具设计 图 13-41、图 13-42

亚瑟•海盖特•麦克默多（Arthur Heygate Mackmurdo，1851~1942 年），他的设计通常被认为与新艺术联系更为紧密。作品多以雕刻为装饰，具有意大利早期文艺复兴的风格。其创办的“世纪行会”曾展出融合了自然元素与日本传统风格的家具、纺织品、墙纸、书桌和屏风等，流畅的植物图案迅速成为日后“新艺术”运动的主题，也为该运动奠定了基础。

白屋，海伦斯堡（The White House，Helensburgh，1899 年），外观与室内 图 13-43、图 13-44

由贝利•斯科特设计，理念源自其发表于 1895 年《工作室》（The Studio）杂志的一篇文章，名为《一座理想的郊外别墅》。室内布局大胆，大厅采用中世纪风格，双层通高，底部设有楼座，房间的分隔方式与众不同，均由折叠的隔断进行分隔。

影响与局限

发源于英国的“艺术与手工艺运动”鼓舞了 19 世纪 60 年代末和 70 年代的美学运动，可以称为现代设计艺术观念的先导，在一派矫饰的维多利亚风格之中，注入优美高雅的清新气息，又与各种历史复古大相径庭，这种探索可谓难能可贵。但因受限于时代，加上艺术家自身思想的局限性，对科学技术的发展前景以及机械化生产的作用缺乏足够认知，无法真正与社会现实生活相融合，因而表现出一种与时代格格不入之感。在某种程度上，艺术与手工艺运动仍然带有一定的理想主义情感，对手工艺的强调是因其产品的服务对象依然局限于贵族阶层。为改变这一状况，加上莫里斯在图案上所吸取的日本风格和自然主义形式，这些因素共同推动着 20 世纪的第一个重大设计风格——“新艺术运动”的兴起。

图 13-43 白屋，外观

图 13-44 白屋，室内

第 14 章　中庸柔美——折衷主义与新艺术

历史上有关“折衷主义”的评价历来褒贬不一，它掀起于 19 世纪上半叶，直到 20 世纪初于欧美盛极一时，为了弥补古典主义与浪漫主义在建筑上的局限性，这一风潮曾任意模仿历史上的各种风格或自由组合各种样式，故也被称为“集仿主义”。折衷主义没有固定的风格，讲究对比例权衡的推敲，沉醉于“纯粹的形式美”，虽然未能摆脱复古主义的范畴，却对欧美影响极其深刻，尤以法国最为典型，后又在美国表现突出。但这股风潮同时也带来了视觉上的杂乱无序，却因此为紧随其后的“新艺术运动”提供了潜在动力。

图 14-1　巴黎歌剧院，大厅

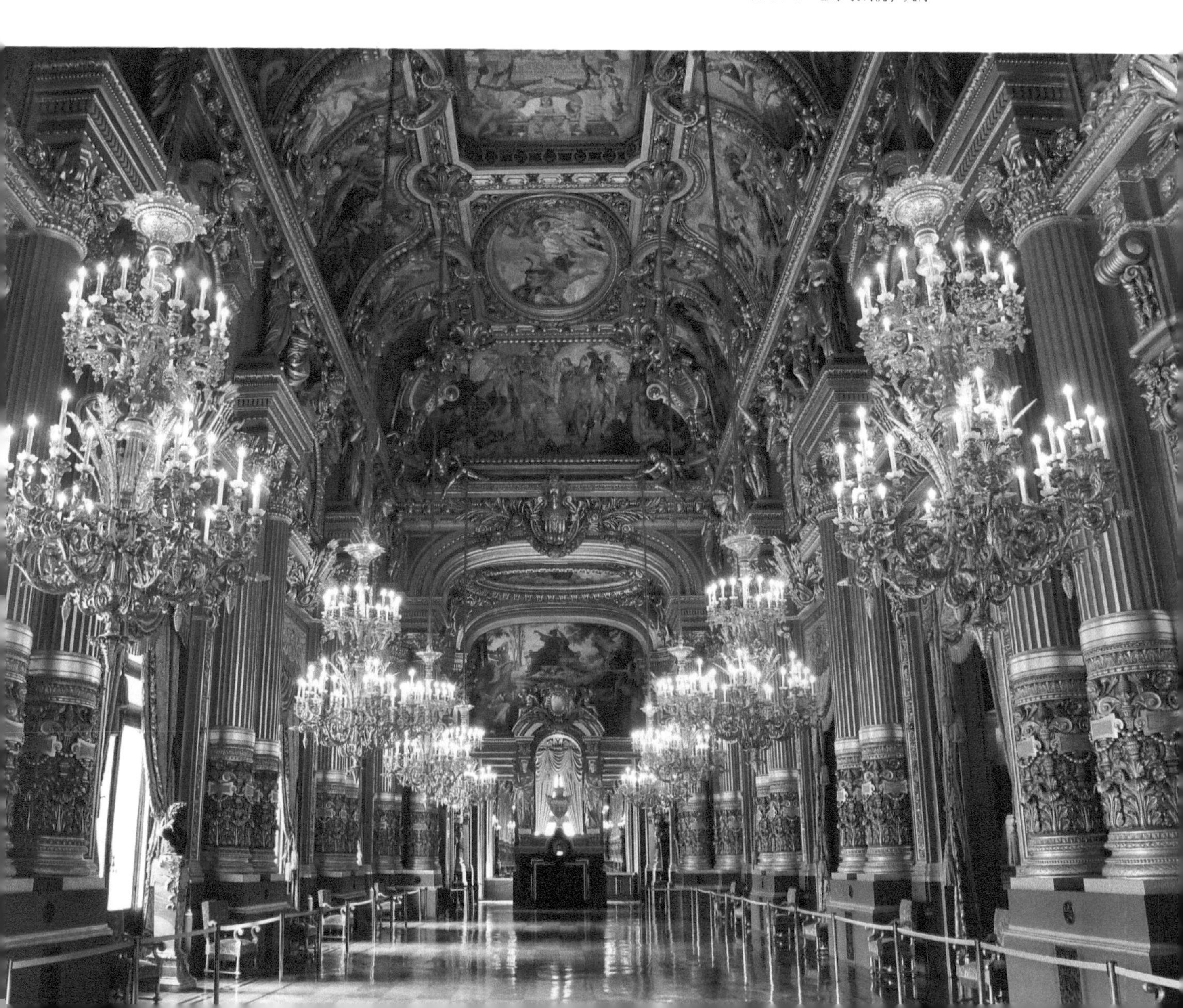

关注：

19世纪的交通已相当便利，考古、出版业尤为发达，加上摄影技术的诞生，有助于人们认知并掌握古代建筑遗产，助长了对各种式样进行模仿与拼凑的能力。

14.1 古典装饰艺术与折衷主义

19世纪末，室内设计发展中更重要的风格——“古典装饰艺术”（Beaux-Arts，19世纪盛行于法国巴黎）愈趋流行，并在日后为折衷主义的发展奠定基础。“古典装饰艺术”一称源起于巴黎埃克勒高等美术学院（Ecole Des Beaux-Arts）。作为第一座真正的专业建筑学院，埃克勒高等美术学院发展出一套非常有效的教学方法：要求学生将历史上各种古典主义技巧运用于设计之中，即学院派风格。学院派受17、18世纪法国古典建筑的启发，在室内装饰上常表现出以下特征：大量使用雕刻、镀金和贵重石材，照明极度夸张奢华。富丽堂皇的气氛十分适用于大型宾馆、百货商店、歌剧院及显贵们用以炫耀的住宅。

巴黎歌剧院，门厅（The Paris Opera，1861~1874年） 图14-2

设计师简·路易斯·查尔斯·加尼尔（Jean Louis Charles Garnier，1825~1898年），毕业于埃克勒高等美术学院。门厅设计堪称折衷主义典范：宽阔且大幅弯曲向上延伸的楼梯、女像柱、彩色大理石、枝状大烛台、华丽雕刻等均呈现出夸张的巴罗克风格，视觉效果极其绚丽。

图14-2 巴黎歌剧院，门厅

波士顿公共图书馆，公共阅览室（Boston Public Library，1887 年）图 14-3

折衷主义在美国发展的重要作品之一，出自“麦金、密德与怀特联合设计”（Mckim，Mead & White，1879~1915 年），美国建筑史上具有领导意义的设计团队。查里斯 • 福林 • 麦金（Charles Follen Mckim，1847~1909 年）早年受教于“埃克勒”，后于 1872 年创办事务所，威廉 • 米德（William Mead，1846~1928 年）和斯坦福 • 怀特（Stanford White，1853~1906 年）等人相继加入。该图书馆的设计很大程度延续了学院派设计理念。

皮尔蓬 • 摩根图书馆，资料照片与室内，纽约（Pierpont Morgan Library，New York，1903~1906 年）　图 14-4、图 14-5

出自“麦金、密德与怀特联合设计”，与波士顿图书馆同时期设计，也遵循了“埃克勒”学院派的设计理念。

图 14-3　波士顿公共图书馆
图 14-4　皮尔蓬 • 摩根图书馆，资料照片
图 14-5　皮尔蓬 • 摩根图书馆，室内

图 14-6 维拉德公馆，外观

图 14-7 维拉德公馆，室内

维拉德公馆，外观与室内，麦迪逊大街，纽约【今赫尔姆斯利大饭店（Helmsley Palace Hotel）】Villard House，Madison Avenue，New York，1883~1885年 图 14-6、图 14-7

出自“麦金、密德与怀特联合设计”，至今保存着当时设计的豪华空间，原为铁路大王亨利·维拉德的大型宅邸，现今是“赫尔姆斯利大饭店”，其中以“金色大厅”（The Gold Room）最为著名。装饰汲取自古典样式，奢华始终是首要特征。

伦敦利兹酒店，室内与大堂楼梯（Ritz Hotel，London，1906 年）图 14-8、图 14-9

出自麦尔 & 戴维斯事务所（Mewes and Davis，1900~1914 年）设计，英国“古典装饰艺术”的主要代表。

图 14-8 伦敦利兹酒店，室内

莱西别墅，外观与室内，萨里（Polesden Lacey，Surry，1906 年）
图 14-10、图 14-11

由麦尔 & 戴维斯事务所设计，具有“摄政风格”的乡村建筑，主人是苏格兰“啤酒大王”之女罗纳德•格伦维尔。其中客厅的装饰参照了 1700 年间意大利北部一座宫殿的嵌板式样，尤其是位置显眼的镀金嵌板，目的是使贵宾们留下深刻印象。

图 14-9　伦敦利兹酒店，大堂楼梯

图 14-10　莱西别墅，外观
图 14-11　莱西别墅，室内

14.2 新艺术运动

图 14-12 奥布里•比亚兹莱的插图

1895 年 12 月，在巴黎的普罗旺斯街开办了一家别具特色的画廊，主人萨姆尔•宾主要经营日本艺术品，风格优雅、独具异国情调，同时展示当时最具影响力的设计师作品，包括彩绘玻璃、艺术玻璃、招贴画和珠宝首饰等。画廊在当时并不被完全接受，却为新艺术作品打开一扇窗，从此“新艺术”（Art Nouveau）一词逐渐被人们所熟知，并最后在历史上获得定位。新艺术风格以不对称的曲线线条为特征，富于动感，对非对称式的日本艺术表现出高度赞赏。自 1893 年起，新艺术设计师们开始尝试完整的建筑内外设计，从外部装饰到室内细节等都逐一处理。由此可见，“创造一个完整而丰满的现代空间”构成这次运动的核心目标。

图 14-13 奥布里•比亚兹莱的插图

奥布里•比亚兹莱的插图艺术 图 14-12、图 14-13

奥布里•比亚兹莱（Aubrey Beardsley，1872~1898 年），以迷人曲线著称，他的插图往往与文学作品风格有很大出入，却因独特的线条使其将新艺术运动的影响在书籍装帧和插图中得以发扬。只有 26 年生命光阴的比亚兹莱没有受过任何专业训练，完全依靠自习获得成功，成为当时绝无二者的黑白画艺术家。

埃菲尔铁塔，巴黎（Eiffel Tower，Paris） 图 14-14、图 14-15

居斯塔夫•埃菲尔（Gustave Eiffel，1832~1923 年）设计，法国工程师，金属结构专家兼作家。与艺术与手工艺时代的设计师不同，欧洲大陆的先锋派设计师们更加渴望拓展新技术。从 19 世纪后半叶开始，铁构件技术的开发与进步对新艺术室内设计的发展具有关键意义。埃菲尔率先倡导在建筑中使用裸露的金属构架，埃菲尔铁塔完美地印证了这一点。

图 14-14 埃菲尔铁塔
图 14-15 埃菲尔铁塔，仰视

比利时与霍塔、凡 • 德 • 费尔德

在比利时与意大利，“新艺术”与当时的社会民主思潮联系在一起，创造这一风格的是比利时建筑师维克托 • 霍塔（Victor Horta，1861~1947 年）。霍塔善于将梁柱塑造成有机曲线，裸露铁构架形式，使缠绕的卷曲形状成为新艺术风格的标志性元素，广泛应用于金属栏杆、梁柱等支撑装饰，也确立其独树一帜的个人风格。

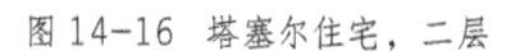

图 14-16　塔塞尔住宅，二层

塔塞尔住宅，二层与楼梯厅，布鲁塞尔市郊（Tassel House，Bruxelles）图 14-16、图 14-17

由维克托 • 霍塔设计，是其确立个人风格的早期作品。房子外部装饰选用严谨的有机图案，室内核心区域用铁柱支撑，避免过多使用内墙，空间畅通无阻。霍塔选择表露基础结构，适当利用外形加以装饰，如楼梯的梁柱都做了“绕金卷须”，类似的有机形态反复出现于墙面、地板或其他装饰上。

布鲁塞尔人民宫，比利时（Maison Des Peuples，Bruxelles，1896~1899 年）图 14-18

由维克托 • 霍塔设计，现已毁。他的风格避免带有古典装饰艺术中过于浓重的贵族色彩，被认为与当时的新建筑设计相协调并广泛采用。

弗兰克弗特的“芭莎广场”，资料照片（Grand Bazar，Frankfurt，1903 年）图 14-19

由维克托 • 霍塔设计，是其运用有机形态的代表作之一。

图 14-17　塔塞尔住宅，楼梯厅
图 14-18　布鲁塞尔人民宫
图 14-19　弗兰克弗特的“芭莎广场”

图 14-20 霍塔博物馆，栏杆装饰

霍塔博物馆，伊克塞勒“美国街”23–25 号，布鲁塞尔（Horta Museum，Rue Americaine 23–25，Bruxelles，1898 年） 图 14–20、图 14–21、图 14–22

由维克托•霍塔设计，于1898年为自己设计的住所（现在为霍塔博物馆），室内布局完全改写了传统模式：厨房设在地面层，空间聚焦于中间的白色大理石楼梯，贯穿三层，在天窗下呈现强烈的光影折射，极具空间感；细节上也都装饰了风格统一的有机形图案。

亨利•凡•德•费尔德

著名建筑师、设计理论家与宣传家，亨利•凡•德•费尔德（Henry van de Velde，1863~1957 年），曾为法国、德国、比利时等国写过不少颇有影响力的文章，人们习惯于视他为设计师。只是在霍塔的设计时代，凡•德•费尔德更关注“佛兰芒人”（Flemish，比利时两大民族之一）的本土习俗。受凡•高和高更的影响，他曾从事绘画工作并前往巴黎接受艺术训练，1888 年返回比利时加入了“二十人社”。这些经历对他的绘画、平面设计作品及日后在壁毯设计上表现出的色彩与线条节奏，都产生了一定的影响。

新婚别墅，于科勒，布鲁塞尔（Villa Bloemenwerf，Uccle，1895）图 14–23

亨利•凡•德•费尔德与妻子玛利亚•塞恩（Maria Sethe）的新婚别墅，做法效仿威廉•莫里斯。外观参照早期的英式风格，楼内的各条走廊、房间都可俯瞰双层通高大厅。建筑风格纯粹自然，朴实坚固，渗透着自然主义风格。

图 14-21 霍塔博物馆，楼梯造型

图 14-22 霍塔博物馆，沿街外观

法国与吉马尔、南锡学派

令人耳目一新的比利时风格对法国的室内设计产生了影响，最早受其影响的是巴黎设计师赫克托·吉马尔（Hector Guimard）。此外，新艺术运动在法国的主要中心除了巴黎，就是南锡小镇，南锡学派也由此而来。此后学派中逐渐加入玻璃制品专家埃米尔·加莱（Emile Galle），以及与他一起工作的家具设计师路易斯·马若雷尔（Louis Majorelle，1859~1926年）等人。

图14-23　新婚别墅

巴黎地铁站　图14-24

设计师赫克托·吉马尔（Hector Guimard，1867~1942年），因设计巴黎地铁站而声名鹊起，并开始涉足建筑行业，成为法国新艺术的代表人物。

图14-24　巴黎地铁站

贝朗热城堡，大门、楼梯间、外观，拉枫丹街区，巴黎（Castel Béranger，Rue La Fontaine，Paris，1895年）

图14-25~图14-28

设计师赫克托•吉马尔，整体装饰基调响应了霍塔的风格，贯穿了一系列曲折有致的不对称线条，形式相较于霍塔更显极端，虽然引起舆论的一片哗然，但完工后该公寓不但易于维护，还取得了良好收益。吉马尔将工作室也设于其中，并在其他项目中继续沿用这一风格。

图14-25 贝朗热城堡，大门

图14-26 贝朗热城堡，楼梯间

图14-27、图14-28 贝朗热城堡外观

家具与玻璃制品，南锡学派　图 14-29、图 14-30

玻璃制品专家埃米尔•加莱（Emile Galle，1846~1904 年）、家具设计师路易斯•马若雷尔（Louis Majorelle，1859~1926 年）等人设计。加莱受到有机形态的启发，广泛采集植物标本，创造灵感均源于自然。

图 14-29　家具，南锡学派

德国与“青年风格”运动

德国的新艺术运动以“青年风格”(Jugendstil)为代表，“青年风格”(Young style）一词源于 1896 年在慕尼黑创刊的《青年》杂志，该命名反映了先锋派设计师们的渴望：抛弃历史主义，为新世纪创造焕然一新的事物。

慕尼黑“工作室”，灯具与楼梯照片(Atelier Elvira，Munich，1897~1898 年)图 14-31、图 14-32

设计师奥古斯特•恩代尔（August Endell，1871~1925 年），拓展了新艺术在德国的发展。室内有一个造型奇特的铁制楼梯和一架照明灯，灵感源自海洋，照明灯的外形如一大片漂浮海草，从螺旋状的曲形楼梯中耸现出来。

图 14-30　灯具，南锡学派
图 14-31　慕尼黑“工作室”，灯具
图 14-32　“工作室”楼梯照片

图 14-33 AEG 汽轮机工厂，外观

图 14-34 AEG 汽轮机工厂，室内

AEG 汽轮机工厂，外观与室内，柏林（AEG Turbinenfabrik，Berlin，1909 年）图 14-33、图 14-34

设计师彼得·贝伦斯（Peter Behrens，1868~1940 年），充分利用新材料将艺术结合工业。贝伦斯早期的设计属于“新青年”风格，后期作品倾向于现代主义。AEG 厂房完全用浇筑混凝土、钢管构筑而成，剔除任何装饰。对格罗比乌斯、密斯·凡·德·罗和夏尔·让纳雷（即勒·柯布西耶）三人产生重大影响，后三者在日后成为现代主义国际风格的重要人物。

新艺术运动在俄国、西班牙与意大利的发展

19 世纪 70 年代的俄国，来自民间手工艺的复兴热潮蓬勃发展，这股融合了欧洲“象征主义”和法国“新艺术”双重影响的热浪，使莫斯科成为俄国“现代风格”（Stil Moderne，新艺术运动在俄国称为“现代风格”）的中心。西班牙、意大利的“新艺术”运动，也体现出崭新的民族情结和政治倾向。西班牙首府的巴塞罗那是西班牙“现代艺术”风格（Arte Moderno，新艺术运动在西班牙称为“现代艺术”）的发源地。在意大利，新艺术运动以“自由风格”（Stile Liberty）的形式开展，并在 1902 年之后，当其他国家地区已悄然退去新艺术的热浪，唯有意大利的“自由风格”依然处于巅峰状态。

里亚布申斯基住宅，莫斯科（Ryabushinsky house，Moscow，1900 年）图 14-35、图 14-36

设计师舍赫切利（Fedor Shekhtel，1859~1919年），将民间手工艺与欧洲“象征主义”、法国“新艺术”融合，诠释出以莫斯科为中心的俄国“现代风格”（Stil Moderne，新艺术运动在俄国称为“现代风格”）。室内织物图样富有线条感，采用了米哈伊尔·维鲁贝尔（Mikhail Vrubel，1856-1910）的画作风格，如以陶瓷装饰墙面。

图 14-35 里亚布申斯基住宅

图 14-36 里亚布申斯基住宅，楼道

图 14-37　巴特由之家，外立面

图 14-38　巴特由之家，室内

巴特由之家，巴塞罗那（Casa Battlo，Barcelona，1904~1906 年）图 14-37、图 14-38

由安东尼 • 高迪（Antoni Gaudi，1852~1926 年）设计，西班牙设计最具代表性的人物。其创作灵感部分来自于有机形态，部分来自于“艺术与手工艺运动”，还有一部分归因于自身对设计的不懈追求。高迪将室内空间全部打造成自然有机形态或类似火山岩般的流动形式：室内起伏的波浪形天花板、曲线窗架和门框，外部雕刻也以仿生物形态为基础。

高迪的设计，无论是公寓大楼还是教堂作品，都强烈地表现出宗教信仰和民族情感，展现出西班牙式的民族情结与政治倾向。

图 14-39　米拉公寓，外观

图 14-40　米拉公寓，内庭

米拉公寓，巴塞罗那（Casa Mila，Barcelona）　图 14-39、图 14-40

由安东尼 • 高迪设计。

卡斯蒂廖内宫，外观与室内，米兰（Palazzo Castiglioni，Milan，1903 年）图 14-41、图 14-42

由吉赛贝·索马鲁加（Giuseppe Sommaruga，1867~1917 年）设计。意大利的“自由风格”（Stile Liberty）结合当地“温和派社会主义”、“民主主义运动”。室内的灰泥雕刻带有抽象网格纹样和统一的花卉图形。

图 14-41 卡斯蒂廖内宫，外观

图 14-42 卡斯蒂廖内宫，室内

兰普雷迪别墅，窗框装饰与外立面，佛罗伦萨（Villino Lampredi，Florence，1908~1912 年） 图 14-43、图 14-44

由乔瓦尼·米凯拉奇（Giovanni Michelaazi）设计，同样将“自由风格”运用于其中。

图 14-43 兰普雷迪别墅，窗框装饰

图 14-44 兰普雷迪别墅，外立面与

新艺术运动在美国的发展

在 1902 年的都灵（Turin）博览会上，美国的新艺术设计师们也展出了各自作品，如路易斯 • 康福特 • 蒂凡尼的玻璃作品，别具异域风情。同时，美国建筑师们也逐渐摈弃“古典装饰艺术”理念，转而寻求更加创新的风格。这次运动以建筑师路易 • 沙利文（Louis Sullian，1856~1924 年）为代表，他成功地引领了建筑革新，寻找更合适的装饰手法。

芝加哥大会堂与黄金拱（Auditorium Building and Golden Arches，1889 年）图 14–45、图 14–46

路易 • 沙利文（Louis Sullian，1856~1924 年）设计，其个人早期重要作品，推动美国新艺术理念的创新。该项设计在室内设计历史上具有重要地位，是首个将灯光纳入设计范围的项目。其中著名的“黄金拱”（Golden Arches）结构横跨整个剧院，略带“折衷主义”手法，以镀金的植物形态衬托照明装饰，尽管不具备实际功用，但间接掩饰了通风管道并改善了音响效果。

英国与格拉斯哥、麦金托什

“新艺术”在英国并不受欢迎，矜持的英国设计师们视之另类，格拉斯哥学派也持相同看法。20 世纪初的英国，以格拉斯哥艺术学校（Glasgow School）为代表，倡导的是“抵制‘新艺术’，寻求新风格”的观念，并在世纪末逐渐形成以“格拉斯哥”风格为主流的设计氛围。在这种环境下，设计师们反复强调自身从未受“新艺术”的影响，所坚持的只为探寻一种新的设计风格。

图 14-45　芝加哥大会堂，室内装饰
图 14-46　芝加哥大会堂，黄金拱

“德恩格特” 78 号，北安普顿（78 Derngate，Northampton，1916 年）
图 14-47、图 14-48

由设计师查尔斯·伦尼·麦金托什（Charles Rennie Mackintosh，1868~1928 年）设计，室内基调定位深沉，富于变化，内有黑白方形的镶边装饰，上面布满黄、灰、蓝、绿、紫及朱红等各色三角形组成的带状雕刻。在家具设计上，也重复使用几何方体作为视觉的主旋律。

格拉斯哥艺术学校的图书馆大楼，格拉斯哥（Glasgow School，1907 年）
图 14-49、图 14-50

这是麦金托什在格拉斯哥最重要的作品，也是该时期新艺术在英国最壮观的表现之一。由悬吊在横梁上的钢筋支撑上部楼层，使底层获得更多空间，裸露的木柱和经过规划的照明设计，使底层面积在视觉上远大于实际尺度。

图 14-47、图 14-48
德恩格特 78 号

图 14-49、图 14-50
格拉斯哥艺术学校，
图书馆大楼，室内

维也纳分离派与维也纳工场 (Wiener Werkstatte)

“维也纳分离派”是个主张独立的展览社团，奥地利和欧洲一些地区的先锋派画家与建筑师们，因不满艺术学院的统治地位而自发组织了这一社团。主要目的之一，是要根除长久以来存在于艺术与设计之间的隔阂。这一点其实在“艺术与手工艺运动”的原则中已得到体现。代表性的人物是“分离派”的创始人之一约瑟夫•霍夫曼（Josef Hoffmann，1870~1945 年）。“新艺术”在德国和奥地利以更加简洁的风格呈现，受“分离派”与英国“艺术与手工艺运动”的激发，霍夫曼与科洛姆•莫泽（Koloman Moser，1868~1918 年）于 1903 年创建“维也纳工场”，反对批量生产的方式，致力于材料运用与高科技研发，但这一理念背离了 20 世纪的生产方式，因此仅限于制造供富裕阶层享用的物品而已。

维也纳邮政储蓄银行，办事大厅(Post Office Savings Bank，Vienna，1904 年) 图 14-51

素有“维也纳先锋派之父”之称的奥托•瓦格纳（Otto Wagner，1841~1918 年）设计，堪称 20 世纪初最为明亮实用的经典作品之一。主厅设有一个拱状玻璃屋顶，所有梁柱均无装饰，墙上的风扇依照一定的间距有规律地安置。朴素的室内风格与维也纳当时大肆盛行的复古主义产生强烈对比。

图 14-51　维也纳邮政储蓄银行

普克斯多夫疗养院，外观与室内，（ Sanatorium at Purkersdorf，1904 年 ） 图 14-52、图 14-53

设计出自“维也纳工场”（1903 年），室内设计严谨又不失实用性，全部采用垂直和水平线条为基调。

图 14-52　普克斯多夫疗养院，外观

图 14-53　普克斯多夫疗养院，室内

斯托克莱宫，特弗伦，布鲁塞尔（The Palais Stoclet，Tervueren，Brussels，1905~1911 年） 图 14-54、图 14-55

维也纳工场最具意义的设计项目，标志着建筑师、手工艺人和艺术家三者紧密协作的成功。因业主是拥有百万资产的银行家阿道夫•斯托克莱（Adolphe Stoclet），项目本身没有预算限制，故室内表现如宫殿般华丽。建筑本身以及内部艺术装饰有机地融为一体，室内装饰工艺精致，艺术陈设奢华，几乎还原到艺术在工业时代之前的纯粹性，成为 20 世纪初最杰出的经典作品之一。

图 14-54 斯托克莱宫，外观

“新艺术”一词在今天已成为术语，用以描绘兴起于 19 世纪末至 20 世纪初的艺术运动，包括这一运动所产生的艺术风格。它所涵盖的时间大约从 1880~1910 年，跨度近 30 年，是一场在整个欧洲与美国之间展开的装饰艺术运动。其风格现象被许多评论家和欣赏者视为“艺术与设计方面最后的欧洲风格”，内容几乎涉及所有的艺术领域，包括建筑、家具、服装、平面设计、书籍插图、雕塑及绘画，并且和文学、音乐、戏剧及舞蹈都有所关联。在室内设计发展的另一段激进的历史进程中，现代主义运动的设计师们将以更大的成功来迎接工业化批量生产所带来的挑战。

图 14-55
斯托克莱宫，室内

第 15 章　机器美学——现代主义运动兴起

20 世纪初期，工业进步带来的变革是整个社会发展的主流趋势，在建筑和室内设计领域改变了人们以往的审美角度，随着生产力的提高而产生新的评判标准。各种美学运动都在寻求与过往手工艺时代的关联，现代主义运动的兴起使这些繁复的表面装饰不再受到关注，设计也在机器化生产的大背景下趋于理性，没有多余图样装饰，更关注简洁合理的功能化设计，“实用性”成为设计的关键。在这场颠覆传统的变革到来之前，随着现代派艺术运动的日趋活跃，欧洲的建筑与制造业已显现出反对传统、主张变革的新思潮，也出现过预示着“现代主义”设计思想产生的先兆。

图 15-1　巴塞罗那博览会德国馆，外观

15.1 早期现代主义运动

图 15-2 法古斯工厂，楼梯间
图 15-3 法古斯工厂，外观

在一种新的审美风潮“机器美学”的驱动和鼓舞下，现代主义运动（Modern Movement）摒弃了室内设计中过于繁复的装饰，对“批量化生产”这一概念进行了重新定义：为满足消费需求而制造。这一解释相对合理也更加标准，很好地鼓舞了现代主义运动的理论家们。同时，为了创造更加明亮、宽广、更具功能性的环境，大量新型材料和建筑新技术被相继采用。现代主义早期的设计师们希望创建一种更健康、更能体现民众意愿的设计作风来改变社会，改善大众的日常生活。

法古斯工厂，楼梯间与外观（Fagus Factory，1911 年）　图 15-2、图 15-3

由沃尔特•格罗比乌斯（Walter Gropius，1883~1969 年）与阿道夫•梅耶（Aldof Meyer）合作设计，堪称是“现代主义运动”典范。设计中最令人震撼的是一直延伸到空间另一端的楼梯间，几乎完全暴露在巨大的玻璃窗下。

马勒别墅，室内与楼梯，维也纳（Villa Müller，Vienna，1928 年）图 15-4、图 15-5

由奥地利建筑师阿道夫•卢斯（Adolf Loos，1870~1933 年）设计，率先对装饰提出全盘否定。“嵌入式家具”（Built-in）是卢斯在空间表达上的重要特征，涉及室内错综复杂的秩序问题，但将错层式空间表现得淋漓尽致。

德意志制造同盟

一个与“机器时代”息息相关的组织机构，在赫尔曼•穆特修斯（Hermann Muthesus）和凡•德•费尔德的支持下，于 1907 年在柏林成立，主要目的是联合艺术与制造业，共同改善德国设计。穆特修斯密切关注并系统地考察了英国现代工业的发展情况，其成果对德国建筑界产生重要影响。他忠实设计教育，主张国家的技术标准体系与设计美感标准相统一，正确地引导了“设计忠实于国家意志”的方向，为德国日后的设计强盛打下了良好基础。

图 15-4 马勒别墅，会客厅
图中靠墙沙发与左侧楼梯口，均为嵌入式造型

图 15-5 马勒别墅，楼梯造型

15.2　现代派艺术与现代设计

20 世纪的二三十年代是两次世界大战的间歇时期，到 30 年代初期，资本主义世界已相对稳定。此时德、美两国的工业总产值大大增强，参战国的经济状况逐渐恢复，此期间的建筑、室内设计活动颇为频繁。这一时期，西欧地区率先兴起改革创新浪潮，技术、工业、经济和文化艺术大力发展，产生了 20 世纪最重要的设计思潮和各种艺术流派。20 世纪初期是个多种流派共存的时代，其中较有影响的流派主要包括风格派、构成派、表现派、立体派等，即后来的“现代主义”蓬勃时期。

施勒德别墅，外观与室内，乌德勒支（Schroder House，Utrecht，1924 年）图 15-6、图 15-7

格瑞特·里特维尔德（Gerrit Rietveld，1888~1964 年）设计，又称“乌德勒支别墅”，荷兰“风格派”代表，堪称该风格室内设计的典范之作。整座建筑为一个简单立方体，强调水平和垂直元素，整体采用原色体系，使房屋内外在视觉上显得统一、协调。

红蓝椅（Red/Blue Chair，1918 年）　图 15-8

格瑞特·里特维尔德设计，最早表现风格派观念作品之一。红蓝椅由两端带黄色收头的黑色木条为构架，坐面与靠背漆成红蓝两色。

图 15-6　施勒德别墅，室内

图 15-7　施勒德别墅，外观

图 15-8　红蓝椅

图 15-9 第三国际纪念塔，复原模型
图 15-10 玻璃亭

第三国际纪念塔，复原模型（Tatlin Monument to the Third International，1919 年） 图 15-9

弗拉基米尔•塔特林（Vladimir Tatlin，1885~1953 年）设计，俄国“构成派”经典之作，简单的几何形式结合钢铁材质的运用，准确地表达出现代主义运动的设计语言。

玻璃亭（Glass House，1914 年） 图 15-10

布鲁诺•陶特（Bruno Taut）设计，用于 1914 年的德国科隆博览会，完全采用玻璃砖结合玻璃嵌板搭建而成，“表现主义”代表作品之一。表现主义于 20 世纪初盛行于欧洲，强调以夸张怪诞的色彩与形式来展现设计灵感。

格罗瑟大剧院，柏林（Grosse Schauspielhaus，Berlin） 图 15-11

汉斯•玻尔茨格（Hans Poelzig）设计表，现主义怪诞风格的典型作品。剧场可容纳 5000 观众，采用巨大的钟乳石造型创造奇特、神秘的氛围。

图 15-11
格罗瑟大剧院

15.3 现代主义的先驱

“现代主义运动”颠覆了各方面的传统，四位建筑领域的大师级人物走在这场运动的最前端，并在各自贯穿一生的职业生涯中发挥着至关重要的作用，他们同时在室内设计领域也呈现诸多佳作，作品明显呈现出现代主义特征。这四人分别为：沃尔特•格罗皮乌斯（Walter Gropius）、路德维希•密斯•凡•德•罗（Luding Mies van der Rohe）、勒•柯布西耶（Le Corbusier）和弗兰克•劳埃德•赖特（Frank Lloyd Wright）。前文提到的贝伦斯（见第14章），作为“德意志制造联盟”的核心人物，为德国的室内和建筑设计做出了重要贡献，四人中除了赖特之外，其他三人都曾经跟随贝伦斯工作，他们也受到过赖特早期设计作品的影响。

关注：

直到1932年，现代主义运动的国际声誉才得以确立。菲利普•约翰逊（Philip Johnson）将其贴切地描述为一种“国际风格”，并对特征做了归纳：具有灵活的内部空间，避免运用过多装饰，反对在墙面上使用色彩。此外，用植物装点室内也成为颇受欢迎的方式。

巴塞罗那博览会德国馆，室内（Pabellon de barcelona，1929 年）图 15-12

由密斯•凡•德•罗（Mies Van Der Rohe，1886~1969 年）设计，强调“少即是多”（less is more）的设计原则，所用材料昂贵，包括黄铜、大理石和平板玻璃，但效果极致，感觉如同表面未经过装饰处理。展览馆的结构包含一面伸展的平板和部分墙体，经过仔细安排保证空间自由流通。椅子采用皮革、铬合金制成，即日后成为经典的“巴塞罗那椅”，直到今天仍用于生产。

图根哈特别墅，外观与室内，布尔诺（Tugendhat House，Brno，1930 年）图 15-13、图 15-14

由密斯•凡•德•罗设计，细长的十字形柱子支撑起空旷的起居室，柱子外层覆盖发亮的不锈钢。室内空间被自由耸立的隔板分割，整体效果显得雅致、讲究。

图 15-12 巴塞罗那博览会德国馆，室内

图 15-13 图根哈特别墅，外观

图 15-14 图根哈特别墅，室内

新精神馆（The Pavillon de L' Esprit Nouveau，1925 年） 图 15-15

勒·柯布西耶（Le Corbusier，1887~1965 年）设计，展出于 1925 年巴黎国际装饰艺术博览会（Paris Exposition Internationale des Arts Decoratifs et Industries Modernes）。建筑内的一切元素都挑战了当时注重的“强调民族主义和装饰性”。室内所有的结构部件都建立在标准化模块的基础上，给人感觉极为简洁，但能明显觉察出这种简洁是经过慎重考虑的。设计的主要关注点在于室内布局，站在楼厅俯视可纵览整个双层活动区间，使有限的空间变得相对空阔。

图 15-15
新精神馆，室内

柯布西耶与“建筑五要素”

柯布西耶著名的建筑理念，即底层架空、屋顶花园、自由平面、横向的长窗、自由立面。要求建筑应有桩柱结构（pilotis，由钢筋混凝土建造的独立支柱）支撑而底层架空；因墙体不再承重，室内空间可以自由规划；设置屋顶平台且窗户很大，使外墙环境形成延续性；以及宽阔平坦的立面。勒•柯布西耶的公寓内呈单一空间，倘若使用滑动隔板则可将此空间划分出卧室空间，这种无限制的内部空间奠定了现代主义室内设计的思想基础。

萨伏伊别墅，外观、楼道与室内，巴黎普瓦西（Villa Savoya，Poissy，1929 年）图 15-16~ 图 15-18

勒•柯布西耶“建筑五要素”理念的典范：底层架空、屋顶花园、自由平面、横向的长窗、自由立面。表达了“散步建筑”（Promenade Architecturale）的理念，作为垂直交通的坡道占据了别墅的绝对中心，在萨伏伊别墅中散步是一种愉悦的经历，体验空间视觉的旅程，由此人与建筑空间的互动可以触及心灵的感悟。

图 15-16 萨伏伊别墅，外观

图 15-17 萨伏伊别墅，楼道

图 15-18 萨伏伊别墅，室内

图 15-19 斯坦别墅

斯坦别墅，法国（Villa Stein，1927） 图 15-19

勒·柯布西耶设计，同样具有底层架空，屋顶花园及连接楼层的斜坡道等特点。室内空间并未任意填塞装饰，而是以流动性空间为基础进行设计。

15.4 包豪斯与设计教育

包豪斯的前身是“魏玛造型艺术学校”（Sachsische Hochschule fur bildende Kunst）与“工艺美术学校”（Sachsische Kunstgewerbeschule），后两校合并，于1919年正式成立“包豪斯”（Staatliches Bauhaus），格罗皮乌斯出任校长。这是当时第一所现代设计教育机构，包括建筑、城市规划、广告与展览设计、舞台设计、摄影与电影以及综合物品设计等工业范畴内的所有设计，其存在的14年间成为欧洲设计集大成中心。在格罗皮乌斯的指导下，包豪斯的教学方法对现代设计教育发展起到了积极推动，教学特性可基本归纳为四个方面：

第一，讲求自由创造，反对墨守成规；

第二，注重手工艺与机器生产的结合；

第三，强调基础训练，从抽象绘画和雕塑中发展而来的平面、立体与色彩三大构成课程是包豪斯对现代设计做出的最大贡献之一；

第四，倡导实践与理论结合，教育与社会生产结合。

包豪斯发展到1920年前后，各种激进流派运动也逐渐对其产生影响 。

图 15-20、图 15-21 包豪斯教学楼，外观

包豪斯（Staatliches Bauhaus，1919 年） 图 15-20、图 15-21

瓦西里椅（Wassily Chair，1925）　图 15-22

包豪斯迁址德萨后，出产的标志性设计之一。设计者是当时的学生布劳耶，如今已成为现代主义的象征，瓦西里椅是布劳耶为康定斯基（Kandinsky）的住宅而设计。遗憾的是，当时的这些设计虽然受到"机器美学"的鼓舞，大都选料昂贵且制作工序繁杂，就其外观而言看似很适应工业化批量生产并具备巨大的市场潜力，而事实上，它们的风格和价格决定了这些设计只能更多地服务于上流社会的中产阶级。

索莫菲尔德住宅，柏林（The Sommerfeld House，Berlin，1921 年）
图 15-23、图 15-24、图 15-25

包豪斯的第一个委托项目，由格罗皮乌斯和阿道夫•梅耶（Adolf Meyer，1889~1954 年）设计，带领学生合作完成。房子由原木建成，注重操作技能，强调手工艺的高品质，既带有东方气息，也能寻觅赖特设计的影子，符合当时包豪斯的教学精神：在建筑学中综合了雕塑、绘画和手工艺等，融合于一体。

图 15-22　瓦西里椅

图 15-23、图 15-24、图 15-25
索莫菲尔德住宅

关注：

早在 20 世纪 20 年代，"激进派"（Radical）便对包豪斯产生显著影响，格罗毕乌斯调整了教员结构，聘任了欧洲各种不同流派的艺术家来任教，对在包豪斯的基础教学起到重要作用。

15.5 现代主义的传播

对于多数西方国家而言，与“现代生活”有关的各种可能都逐步成为现实，工业化和城市化带来的最大特点，就是大众市场和批量消费的迅速扩大。现代主义的理论基础缘起于对机器生产的认可，所谓的机器美学即是用“纯净”的几何形态来象征机器的理性与效率感。现代主义坚持认为，任何产品的视觉特征都应由自身结构和特定功能来表达，即功能与理性的重要内涵。日后广为人知的“形式追随于功能”便是基于这种价值观。虽然在许多情况下，这种动机与结果未必能完全切合，有时甚至被曲解，但在当时的历史条件下无疑是具有进步意义的，现代主义在建筑和室内设计上的成就也成为20世纪最重要的创造成果之一。

现代主义在美国的发展

在1932年之前，一群欧洲移民已经把现代主义运动的设计思潮带入美国。只是这种最早在美国得到提倡并鼓舞了欧洲设计师的“批量生产体系”，在美国室内设计方面的影响却极其微弱，直到欧洲现代主义运动取得成功后，这种现状才得以改变。到20世纪30年代末，美国已成为现代主义设计的核心。格罗毕乌斯、密斯·凡·德罗、马歇·布劳耶和莫霍利·纳吉等建筑师开始在美国工作、教学，并在随后的1937年在芝加哥再次组建了新包豪斯学院（New Bauhaus，Chicago），使得现代主义的成就受到了高度评价和效仿。

洛弗尔别墅，外观与室内，洛杉矶（Lovell House，Los Angeles，1929）图15-26、图15-27

理查德·纽特勒（Richard Neutra，1892~1970年）设计，他于20世纪30年代晚期来到美国，运用欧洲风格设计了一些颇具影响的私人别墅项目，洛佛尔别墅是其中之一。室内巨大的玻璃和自由的内部空间，被认为是现代艺术博物馆内值得收藏的杰出作品。

图15-26　洛弗尔别墅，外观
图15-27　洛弗尔别墅，室内

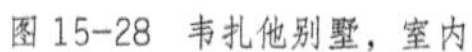
图 15-28　韦扎他别墅，室内

韦扎他别墅，明尼苏达州（Wayzata Villa，Minnesota，约 1914 年）
图 15-28

由弗兰克•劳埃德•赖特（Frank Lloyd Wright，1867~1959 年）设计，现在存放于美国纽约大都会艺术博物馆的侧厅内。作为沙利文的主要继承者，赖特的早期作品成功引领了美国风格的住宅和商业性室内设计。

马汀别墅，外观与室内，布法罗（Martin House，Buffalo，1904 年）
图 15-29~ 图 15-31

由弗兰克•劳埃德•赖特设计，草原住宅系列之一。

罗比别墅，外观与室内，芝加哥（Robie House，Chicago，1909 年）
图 15-32、图 15-33

由弗兰克•劳埃德•赖特设计，草原住宅系列之一，室内带有中国明清装饰风格。

赖特与“草原式住宅”（Prairie Houses）

赖特早期职业生涯中大多从事芝加哥城市以及周边的“草原式住宅”设计，这些住宅与美国中西部广阔平坦的风景之间存在着广泛联系。项目大多坐落在郊外，用地宽阔且景色优美；建筑平面常形成十字形，以壁炉为中心而布置起居室、书房、餐室；卧室通常设置在楼上；室内空间既有分隔又有连续性，并根据不同需求调整净高。起居室的连排窗户一般比较宽敞，增加室内外联系性。而住宅外部高低错落、屋顶坡度平缓、深远的挑檐在墙面投下大片阴影、水平阳台与花台形成水平为主的构图，并与垂直的大火炉烟囱相衬，使整体形式既平稳安定又富有趣味。建筑以砖木结构为主，室内的自然材料也与周围景色相配，容易使人回想起美国 17 世纪殖民时期的住宅风格（Colonial House）。

图 15-29　马汀别墅，室内
图 15-30　马汀别墅，室内楼梯造型
图 15-31　马汀别墅，外观

图 15-32 罗比别墅，室内中式风格造型
图 15-33 罗比别墅，外观
图 15-34 拉金行政大楼，中庭办公空间

拉金行政大楼，中庭，布法罗（Larkin Administration Building，Buffalo，1904 年） 图 15-34

赖特在该时期的商业代表作。室内最具特征之处在于五层高、带采光天棚的中庭，而所有的公用设施都设在角落里，室内空旷敞亮，贴有米色砖石。内部家具，包括早期的金属桌椅也都是由赖特亲自设计。只是他坚持应当将人性应用于设计的观点，在当时的美国却并未被认同。

熊跑泉别墅，室内与外观，宾夕法尼亚（Falling Water at Bear Run，Pennsylvania，1936 年） 图 15-35~ 图 15-37

亦称“流水别墅”，赖特个人特征表达极致之作。房子建在多岩石的山腰上，混凝土结构高悬于瀑布上方。墙体以岩石构筑，家具陈设采用胡桃木制作，巨大的窗户将周边自然风光与室内空间融于一体，这些特点均体现出赖特十分注重空间自然的有机氛围。他后来在斯堪的纳维亚半岛也发展了这种远离工业化气息的现代主义设计。

图 15-35、图 15-36 熊跑泉别墅，室内

现代主义在斯堪的纳维亚的发展

斯堪的纳维亚地区不曾经历像英国、德国和美国那样快速的工业化进程，当地依然存活着强大的手工艺传统。瑞典是这北欧五国中首个提出“功能第一”的国家，但不同于德国的是，瑞典并不排斥功能化与大众化的和谐共存，并且更注重作品所表现的人文关怀。丹麦工业发达，思想先进，在第二次世界大战（以下简称二战）后取得了较好的国际声誉。芬兰则是最晚进入现代主义的国家，在手工业方面的发展也不及瑞典和丹麦，因此对手工业的重视程度一般，反而青睐现代主义设计。相较于英国的艺术品和工艺品的过于昂贵，来自斯堪的纳维亚的手工艺品更易于为大众所接受。于是，现代主义的简洁作风开始与民间设计相结合，产生了斯堪的纳维亚式的“现代风格”。

帕尔米奥结核病疗养院，外观、楼梯间、餐厅、等候大厅，芬兰（Sanitorium at Paimio，Finland，1933 年） 图 15-37~ 图 15-41

由阿尔瓦 • 阿尔托（Alvar Aalto，1898~1976 年）设计，他是斯堪的纳维亚式的“现代风格”最具代表性人物。阿尔托的作品设计简洁又富于功能性，不同于美国现代主义强调直线的造型，他多采用曲线和曲面造型，这也与芬兰的地域性有关，他的作品更多地体现的是人文关怀。现代主义的简洁作风在斯堪的纳维亚地区与民间设计结合，对比于德国钢管椅的冷漠感，这种柔软的曲线和温暖的木质触感则更受大众偏爱。

图 15-37 熊跑泉别墅，外观

图 15-38 帕尔米奥结核病疗养院，外观
图 15-39 帕尔米奥结核病疗养院，楼梯间

图 15-40 帕尔米奥结核病疗养院，餐厅

图 15-41 帕尔米奥结核病疗养院，等候大厅

维堡图书馆，公共区与演讲厅，芬兰（Viipuri Library，Finland ，1935）图 15-42~ 图 15-44

阿尔瓦•阿尔托设计。图书馆的演讲大厅内，波浪起伏的木制天花是阿尔瓦•阿尔托提倡人文主义的突出例证。同样在芬兰，与阿尔瓦•阿尔托同时代的德国人已经使用混凝土，而他继续选择砖石和木材。他在这时期的家具设计中，还尝试使用弯曲胶合板和层压板，便于与他的室内设计相协调，达到一种既具现代感，又不失温情的人性化效果。

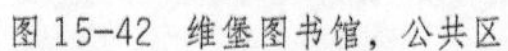

图 15-42 维堡图书馆，公共区

英国设计与工业协会（DIA）

1915 年，英国效仿德意志制造同盟设立英国设计与工业协会（DIA），致力于提高国民审美能力。DIA 于 1920 年举办家庭用品展览，展出了在 8 种不同室内风格中搭配的家具、纺织品、陶瓷制品和玻璃器皿等。可以看出，DIA 对于“优质设计”的理解有更为宽广的视角。DIA 是国际现代主义的英国版本，削弱了“斯堪的那维亚式的现代主义”和“艺术与手工艺运动”的传统理念，为 20 世纪 50 年代的英国室内设计打下了基础。

伊姆明顿学院，部分建筑（Village College at Impington）　图 15-45

由格罗比乌斯设计。为躲避德国纳粹党，沃尔特•格罗比乌斯、马歇•布劳耶和恩里希•门德尔松等人动身前往美国之前曾在英国作短暂停留。期间，格罗比乌斯设计了伊姆明顿学院的部分建筑。设计秉承了现代主义一贯的冷峻与简洁风格。

图 15-43 维堡图书馆，演讲厅

图 15-44 维堡图书馆，楼梯过道

图 15-45 伊姆明顿学院

德拉沃尔大厦，苏塞克斯郡（De La Warr pavillion，1936 年）图 15-46、图 15-47

由恩里希 • 门德尔松与塞吉 • 谢苗耶夫（Serge Chermayeff）合作设计，表明了现代室内设计在英国得到了积极推进。简洁实用的空间，搭配钢管等现代材料，形制参照了现代主义原则，保持空间通亮的同时也符合功能使用。

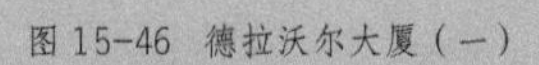

图 15-46 德拉沃尔大厦（一）

图 15-47 德拉沃尔大厦（二）

第16章 几何时尚——装饰艺术与摩登风格

“装饰艺术”（Art Deco）之名取自1925年的“巴黎国际博览会”标题（Exposition Internationale des Arts D é coratifs et Industriels Modernes），于20世纪20年代初流行于欧洲大陆，30年代左右才踏足美国，几乎平行于现代主义流行的时代。受包豪斯影响，装饰艺术提倡机器美学下的几何简洁，以直线和对称造型为主，反对新艺术的曲线造型，并作为一种独特的风格颇受大众喜爱。一方面，这种风格服务于上流社会，选材昂贵，充满异域风情；另一方面，也不乏现代主义特征，如直线、棱角，注重功能等，在材料上也体现现代主义精神，选择钢管、镀铬钢板、电木等，时尚新奇的设计可通过大批量工业生产来降低造价，使普通百姓也能承受。正是吸收了现代主义的理性基础，装饰艺术得以发展了自身的美学观。

图16-1 布莱顿皇家剧院

关注：

装饰艺术因为从各种形式中提取元素加以洗练，故被认为是一种折衷运动，事实上无论在材料还是形式上，它都受到现代主义的影响。

装饰艺术在世界范围内的发展历程大致可分为三个阶段：第一阶段为20世纪早期（1925年巴黎博览会以前）的法国装饰艺术，以室内设计为主；第二阶段从1925年到20世纪30年代的“摩登折线形”时期，以美国纽约等城市的高层建筑为代表；第三阶段为20世纪30~40年代，以空气动力学为特征的“流线形”分支，并对工业设计产生较大影响。三个阶段的侧重点各有不同，在时间跨度上，“折线形”与“流线形”在20世纪30年代呈交叉发展的态势。

布莱顿皇家剧院，演奏大厅，英国（Theatre Royal Brighton） 图16-1

16.1 装饰艺术与法国

在1925年的巴黎博览会上，法国展出的室内作品尽量表现出现代化。与以往不同的是，建筑设计在这次展会上被置于次要的位置。在过去，无论是“新艺术”运动还是“现代主义”都是以建筑为基础，室内装饰设计被认为是次级艺术，而今，室内装饰设计俨然已成焦点而备受瞩目了。在法国，它的渊源其实早在第一次世界大战（以下简称一战）前就已根植于当时核心设计师们的作品之中了。在18、19世纪的法国，高端优质的家具设计所崇尚的古典形式，就曾被视为是对“新艺术”的极端化风格做了清理与提炼后的设计典范。

图16-2 法式家具设计
图16-3 法式家具设计

家具与室内，法式设计 图16-2~ 图16-4

埃米尔•雅克•鲁尔曼（Eile-Jacques Ruhlmann，1879~1933年）设计，1918~1925年间法国室内设计、家居设计领域公认的领军人物。其建筑细部设计和室内布局比例都深受古典主义影响，家具设计常结合帝国时期特征，如凹槽、锥形腿、鼓状形态等，并频繁地使用象牙镶边、“象牙罩”（又称为“sabot”）等手法来保护桌面或椅脚，用料珍贵，工艺优良，带有18世纪的怀旧情愫。

图16-4 法式室内设计

图 16-5、图 16-6、图 16-7　法式家具设计
图 16-8　邦马尔凯百货商店，历史照片

家具设计，法式家具　图 16-5

由保罗•伊瑞布（Paul Iribe，1883~1935 年）设计，他是法国时尚界的重要人物，善于汲取法国古典样式为灵感。

家具设计，法式家具　图 16-6、图 16-7

由安德烈•格鲁（Andre Groult，1884~1967 年）设计。他善于将法式家具中的古典线条与装饰艺术特征相结合，如将花环、流苏、绳子、羽毛、贝壳等元素形式化，图中家具手法即采用这一原理。

Boudoir Style 风格

法国设计师自创的一种风格，特点是选用名贵木材、色彩鲜艳的丝绸等纺织品作为主要材料，色彩、图案与豪华的室内陈设相得益彰，营造出舒适、华贵的室内环境。法国的家具设计和室内设计受到当时俄国芭蕾舞和“包豪斯”双方面的影响，既表现出形式怪异，又注重新材料、新技术的运用。

邦马尔凯百货商店，历史照片（1875 年），中庭展示与顶部装饰，巴黎（Bon Marche，Paris，1923 年）　图 16-8~ 图 16-10

由设计师保罗•福洛（Paul Follot，1877~1941 年）设计，该时期巴黎百货商店流行以“装饰艺术”作为商业展示风格。展区中地面、陈列柜及柱楣的图案都与传统的花形图样形成鲜明对比。至今依然保留几何线条与顶部花形细装饰，玻璃顶棚给予中庭良好的采光效果。

图 16-9 邦马尔凯百货商店，中庭

图 16-10 邦马尔凯百货商店，顶部装饰

老佛爷百货，顶部天窗与中庭，巴黎（Galeries Lafayette，Paris，1921 年）图 16-11、图 16-12

由设计师马里斯•迪弗莱纳（Maurice Dufrene，1876~1955 年）设计，自 1921 年起担任法国著名百货商店“老佛爷百货”的设计总监，室内呈现出足够的豪华与丰富。

收藏博览馆，室内（Le Pavillon d’un Collectionneur）　图 16-13

由埃米尔•雅克•鲁尔曼设计，收藏博览馆中采用了琼•杜巴（Jean Dupa，1882~1964 年）绘制的巨幅作品“鹦鹉”（Les Pérruches）。装饰艺术风格的室内设计很少结合绘画艺术，因其本身已足够丰富多彩，唯独壁画是个例外。在室内设计中凸显豪华，壁画是其中必不可少的一部分。

现代风格的法式家具设计　图 16-14、图 16-15

设计师艾琳•格雷（Eileen Gray，1879~1976 年）生于爱尔兰但在法国工作，设计作品不拘泥于某个特定风格或时期。一战前她曾是油漆专家，战后从事室内家具和陈设设计，作品新颖具有立体主义特征，并趋向于表达对法国传统装饰的漠视情绪。

图 16-11　老佛爷百货，顶部天窗

图 16-12　老佛爷百货，中庭

图 16-13　收藏博览馆，室内

图 16-14　现代风格法式家具设计，休闲椅

图 16-15　现代风格法式家具设计

现代艺术家协会（The Union Des Artistes Modernes）

成立于1929年，由皮尔瑞•查里奥（Pierre Chareau，1833~1950年）、瑞内•赫尔波斯特（Rene Herbst，1860~1945年）、罗伯特•马莱史提文斯（Robert Mallet-Stevens）和弗朗索瓦•茹尔丹（Francois Jourdain）等人创办。他们欣然接受新型工业材料与现代主义理念，与保守的装饰艺术家协会（Societe Des Artistes Decorateurs）针锋相对。

玻璃之家，室内，巴黎（Maison de Verre，Paris）　图16-16、图16-17

由设计师皮尔瑞•查里奥（Pierre Chareau，1833~1950年）设计，采用标准化制作部件，以一种改编的方式部分地展现出现代主义理念。皮尔瑞等设计师采用添加现代材料和钢管家具只是为了寻求一种时尚效果，并非像勒•柯布西耶或包豪斯一般深入地关注设计理念与目的。

图16-16、图16-17　玻璃之家

法国邮轮“诺曼底号”，船舱内景（The Normandie，1935年）　图16-18

图16-18　法国邮轮“诺曼底号”

由瑞内•赫尔波斯特设计，他自20世纪初就曾以玻璃进行装饰方面的实验开发。在“诺曼底号”90多米长的餐厅里，设计师采用玻璃嵌板、巨大的枝形吊灯和一些标准化灯具为主要元素，他的设计风格符合20世纪30年代法国当局渴望利用设计影响力来维系日益衰败的政府地位的愿望，因而受到官方的赞助支持，促进了装饰艺术成功迈向国际舞台。

服装设计，装饰艺术风格　图16-19、图16-20

由保罗•波烈（Paul Poiret，1819~1944年）设计，他是高级女装设计师，对于东方色彩的神秘与强烈运用得极为娴熟。受当时“野兽派”绘画作品中生动、对比强烈的鲜艳色彩影响，装饰艺术设计师们采纳了这种色彩配搭配方式，以反衬“新艺术”中乏味、柔弱的基调。保罗•波烈没有刻意强调室内陈设与纺织品之间的明确界限，高级女装与室内陈设之间的交相呼应是装饰艺术的典型特征，有别于崇尚理性与功能，颇显阳刚气质的奥地利和德国设计。

图 16-19、图 16-20 服装设计
装饰艺术风格

16.2 装饰艺术与美国

1925 年的巴黎博览会上，美国人初次接触了先进设计，在此之前，美国国的设计风格只能唤起人们对过去的记忆。大多数人在此次博览会上被所见所闻深深打动，这种崭新的法国风格在美国通过杂志、博物馆和商店陈列得以广泛传播。装饰艺术能够在美国被满腔热情的接受，一方面缘于它是一种崭新的风格，而非追溯过去；另一方面，美国作为一个相对年轻、富有朝气的国家，极其渴望建立一种能与目前经济和工业相匹配，同时又与众不同的设计风格。美国曾经在批量生产和市场营销方面走在世界前列，“装饰艺术”的几何形态不仅在美国机器化大环境下能够轻易地量产，其光鲜亮丽的外观和丰富、抽象的图案更是能满足美国人的表现欲望。

摩天式家具（Skyscraper Furniture） 图 16-21

维也纳设计师保罗 •T• 弗兰克尔（Paul T.Frankl，1878~1958 年）发现了美国高楼的阶梯形式，运用到家具设计中。“装饰艺术”曾有别称，“折线摩登”（Zigzag Moderne）便是其中之一，描绘的正是当时的美国建筑所特有的向上收分的阶梯状造型。

图 16-21 摩天式家具

图 16-22 帝国大厦，入口大厅
图 16-23 克莱斯勒大厦，入口大厅
图 16-24 克莱斯勒大厦，电梯厅
图 16-25 章宁大厦，室内

帝国大厦，入口大厅，纽约（Empire State Building，New York，1930 年）图 16-22

克莱斯勒大厦，纽约（Chrysler Building，New York，1930 年）图 16-23、图 16-24

由依莱•雅克•卡恩（Ely Jacques Kahn，1884~1972 年）设计，他是擅长装饰艺术风格的重要设计师。其设计的帝国大厦内部反复出现旭日图案，作为装饰艺术室内的代表性元素；克莱斯勒大厦的电梯门表面嵌满莲花状的琥珀和褐色木料，灯光装置、指示牌和地面都装饰着源自花卉和几何图形，形式感源自 1925 年的巴黎博览会。

章宁大厦，室内与外立面装饰，纽约（Chanin Building，New York，1928 年）图 16-25、图 16-26

位于纽约中央车站旁，室内装饰由章宁建筑公司领导人雅克•德拉玛尔（Jacques Delamarre）监督管理。室内普遍采用米色、金色和绿色等面砖营造富丽堂皇，镀金的旭日图形也在装饰中反复出现。

约翰逊父子公司行政大楼，威斯康星州拉辛市，资料照片与今日内景（S.C.Johnson and Son Administration Building，Racine，Wisconsin，1936~1939 年） 图 16-27、图 16-28

由弗兰克•劳埃德•赖特设计，设计受流线型影响。其中，当室内支柱接近天花位置时便向外呈梯级状的金字塔形，并与顶部用于分隔照明的圆盘相交合，提升了空间的空阔感。赖特为办公室设计的金属家具，均重复使用圆形和带状形态，便于强调这种风格。

美国“流线型”风格

“装饰艺术”的另一分支，于20世纪30年代逐渐流行，设计师诺曼•贝尔•格迪斯（Norman Bel Geddes，1893~1958年）、亨利•德莱弗斯（Henry Dreyfuss，1904~1972年）和瓦尔特•多文•蒂格（Walter Dorwin Teague，1893~1960年）是其中新生力量的代表。“流线型”的发展得益于20世纪新材料的产生和运用，最初仅作为一种适用于交通工具的设计风格，但铝制品、塑料和钢管等可塑性能，促进了弯曲式设计的发展，后被广泛运用于各个领域。

流线型电熨斗和汽车 图16-29、图16-30

图16-26 章宁大厦，外立面装饰

图16-27 约翰逊父子公司行政大楼，资料照片
图16-28 约翰逊父子公司行政大楼，今日内景
图16-29、图16-30 流线型电熨斗和汽车

图 16-31 舞台剧《掘金女郎》

舞台剧《掘金女郎》（Gold Diggers，MGM，1933 年） 图 16-31

纽约无线城音乐厅，室内（New York City's Radio City Music Hall，1933 年） 图 16-32

由唐纳德·德斯基（Donald Deskey，1894~1989 年）设计，是流线型风格运用于商业空间的优秀典范。

电影《礼帽》场景（Top Hat，1935 年） 图 16-33

流线型特征十分符合好莱坞在战争期间所表达的意识形态，美国的电影工业则充分利用了这一点。早期的影院布景采用纯粹而夸张的舞台造型，适合于表现黑白电影，奢华设计更适用于音乐片，图为舞台剧《掘金女郎》和电影《礼帽》的场景之一。尤其是《礼帽》的布景充分展示出醒目的道具造型、绵延的曲线设计和金字塔外观。这类舞台布景均不同程度地对各个层次的室内装饰设计产生巨大影响。

图 16-32 纽约无线城音乐厅

图 16-33 电影《礼帽》场景

16.3　装饰艺术与英国

装饰艺术在英国的流行范围没有美国那样广泛，而是比较低调和保守，仅应用于剧院、旅馆和餐厅等室内空间。英国的装饰艺术朴素又内敛，基本徘徊在摩登与传统之间。装饰主义运动在英国没有激进地进行，而是表现出一种妥协的姿态。英国在“艺术与手工艺运动”之后的设计发展较为缓慢，即便是1925年巴黎博览会的召开，新颖的设计创意也未能刺激到英国设计界，当时的英国设计已经落后于法国和美国等国家了。直到20世纪30年代晚期，英国装饰艺术与现代风格终于表现出极强的感染力。

剑桥剧院，伦敦（Cambridge Theatre，London，1930 年）　图 16-34

由塞吉•谢苗耶夫（Serge Chermayeff）设计，照明设计在影院发展中的重要作品之一。设计师利用彩色玻璃屏风来隐藏光源，这一做法在日后被诸多著名影院设计所效仿。

图 16-34　剑桥剧院

萨沃伊剧院，伦敦（Savoy Theatre，London，1929 年）　图 16-35

由建筑师巴兹尔•约尼德斯（Basil Ionides）设计，其中观众席采用深浅不同的金漆来映衬室内的银叶装饰。“装饰艺术”在英国发展得比较低调和保守，基本徘徊在摩登与传统之间，但战争时期人们对于影院的精神依赖推动了英国室内设计发展，激发了一代英国设计师摒弃固有的传统元素（如挂镜线、横楣和护墙板等），转而采用镜面、银箔、油漆及金属等反射性材料来凸显光滑、流畅的外观设计。

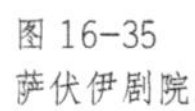

图 16-35
萨伏伊剧院

图 16-36 新维多利亚电影院

新维多利亚电影院，观众席，伦敦（New Victoria Cinema，London，1929 年） 图 16-36

由威廉•爱德华•特伦特（William Edward Trent）和沃姆斯莱•刘易斯（E. Warmsley Lewis）合作设计，采用装饰结合现代主义的设计风格。影院照明采用暗藏灯光，戏剧性地表现出扇状柱形。

斯坦德王宫饭店，门厅，伦敦（Strand Palace Hotel，London，1930 年） 图 16-37

由奥利弗•珀西•伯纳德（Oliver Percy Bernard，1881~1939 年）设计，照明设计在室内发展中得重要作品之一。设计师将柱子与楼梯结合，在视觉上形成一条条组合光带。

胡佛工厂，楼道与外观（Hoover Factory，1932 年） 图 16-38、图 16-39

一座采用现代风格装饰的对称型古典建筑。厂房主入口以玻璃质地的旭日图形为装饰，透射着斑斓色彩的同时也象征能量感和现代感；楼顶的窗户设计开阔大气，视线可以穿越上方大窗，形成内外交流。现代风格成为体现公司形象的重要因素，意味着进步和成功。

图 16-37 斯坦德王宫饭店，门厅

图 16-38 胡佛工厂，楼道

图 16-39　胡佛工厂，外观

16.4　室内装饰职业的兴起

在20世纪之前，“室内装饰设计”从未以职业形式而存在。传统上，都是由纺织品商、家具木工和零售商等对室内布局做出决策安排。在当时人们的观念中，室内设计即家具布置，守旧的观念导致20世纪的室内装饰者们习惯一味地依循过去的工作方式。到了二三十年代，室内装饰进入了全盛时期，装饰师开始担任顾问的角色，因带有咨询性质，使这份工作成为少数女性的职业之一。对于室内环境而言，装饰设计师的主要工作是负责选择合适的纺织品、地板、墙面装饰、家具及灯具等，甚至涉及总体色彩规划，但很少会对建筑结构进行改动。在这一发展过程中，几位杰出的女性发挥了极其重要的作用。

爱莉丝•德•华芙（Elsie De Wolfe）

爱莉丝•德•华芙（1865~1950年）是美国室内装饰职业的重要开拓者，她在室内装饰领域的最早尝试源起于自己的住所“欧文居”（Irving Place, New York City），并以成功的设计改造扩展自身影响，为日后的室内装饰设计确立起一种工作模式，即环游欧洲，收集古典家具和纺织品，与一些潜在的客户搭接起广泛的社会联系；推崇沃尔顿和奥格登•科德曼对于“法式古典”的处理方式，并在装饰过程中表现出这方面倾向。她建立起一种设计标准，致使在20世纪二三十年代的美英地区涌现出大批专业装饰人员，纷纷仿效她的工作模式并追随其成功步伐。

关注：

美国女权运动主张女性参政，这种思想激励了妇女们力争摆脱男性束缚来寻求经济上的自由与独立，有效的方式便是掌控家庭布置工作，协调与安排房间布置成为理想途径之一，但这种方式直到20世纪才有所改变。

欧文居前后装修对比（Irving Place，New York City） 图16-40、图16-41

由爱莉丝•德•华芙设计，她在1897~1898年间曾住在这间位于纽约的住宅，受到沃顿和奥格登•科德曼的文章启发，将“光线、空气与舒适”引入了黯淡、颇受制约的维多利亚式房间。消除了维多利亚时期的一些特征，如摘除枝形吊灯、装饰性的餐盘、油画、洛可可式的镜子和一堆杂乱的东方地毯等，重现了室内布置的新颖与活力。

图16-40 欧文居，装修前

图16-41 欧文居，装修后

天鹅寓所，门厅，亚特兰大（Swan House，Georgia，Atlanta，1928 年）图 16-42

由鲁比•罗斯•伍德（Ruby Ross Wood，1880~1950 年）设计，她是爱莉丝•德•华芙的追随者之一。天鹅寓所既流露出古典器物特有的精美与严谨，也渗透着“美国殖民时期家具风格”的家庭温馨。伍德在餐厅布置中把醒目的方格图案与 18 世纪时期的手绘墙纸并置在一起。房间内还带有有洛可可式的装饰镜、螺旋形托架小桌和一些茶叶罐等，再现了“殖民时期”典型的室内风格。

白色天地，伦敦（All White，London，1929 年） 图 16-43

由赛尔•莫恩（Syrie Maughan，1879~1955 年）设计，她对女性在英国室内装饰职业的发展起到重要推动，她善于将“巴黎现代风格”（Parisian Moderne）与古老式样融合于一体。“白色天地”是莫恩位于伦敦的住所，房内装饰很好地印证了她的独特风格。

图 16-42 天鹅寓所，门厅
图 16-43 白色天地，卧室

室内设计，英式风格 图 16-44~ 图 16-46

设计师西比尔•科尔法克斯（Sybil Colefax），其设计极具英国风格，个人灵感多源自于英国庄园中常用的印花布和厚实的家具。从 1938 年开始，她与约翰•福勒（John Fowler，1906~1977 年）共事搭档，福勒是 18 世纪装饰研究方面的专家，擅长复古风格的室内设计，二人一起合作的房间装饰常刊登在英国本土或一些国外期刊杂志上，对 20 世纪 30 年代以来英国庄园式室内设计的流行起到显著的推动作用。

装饰艺术因为从各种形式中提取元素加以洗练，故被认为是一种折衷运动，事实上无论在材料还是形式上，它都受到现代主义的影响，但在色彩上强调服务权贵，这与现代主义的立场是相背离的，也因此注定不会长久。但不管怎样，装饰艺术都是 20 世纪最后的一场重要的艺术运动。

图 16-44~ 图 16-46 室内设计，英式风格

第 17 章　重建历程——战后现代主义

在二战后的30余年里，各国发展极不平衡，设计逐渐在欧洲复苏，美国则因其经济发展迅速促动了战时的停歇状态，日益显现出领先趋势。“国际现代主义”风格成为设计主流，玻璃幕墙与摩天楼构成了商业和办公建筑的最佳体现。与此同时，在英国、法国等国家的一些主要城市也相继出现有别于传统的新型高层建筑。而技术与材料的发展带动了家具领域的变革，人造纤维在纺织品中得到普及，塑料取代了传统天然木材，各类塑料开始作为家具材料而应用。而信息技术的快速化及交通便利的发展，令现代主义以一种国际化模式，向世界各地广泛传播。

图 17-1　柏林国家美术馆，外观

17.1 美国的主流发展

二战到来，使欧洲“三巨匠”即密斯•凡•德罗、格罗比乌斯和勒•柯布西耶等先后来到美国，发展了现代主义主流。于是，在室内设计的历史上，美国首次跃居欧洲占据了主导地位，这也是战后的美国建筑设计能够领导世界发展的原因之一。战后的几年，人们普遍流露出对于民主思想的期望和信仰，几乎在所有的设计领域都采用现代主义风格，认为它蕴含平等，体现活力，也彰显技术。

柏林国家美术馆，外观（National Gallery，Berlin） 图 17-1

图 17-2 阿穆尔技术学院，外观

阿穆尔技术学院，外观，伊利诺伊（Amour Institute of Technology，Illinois，1938 年） 图 17-2

由密斯•凡•德罗（Mies van der Rohe，1886~1969 年）设计。密斯在 1938 年离开德国，担任阿穆尔技术学院建筑学院教授（阿穆尔即现在的伊利诺伊州）。密斯采用钢铁框架搭配砖石、玻璃，简明扼要的设计方式令整座校园耳目一新。

范士沃斯住宅，外观与室内，伊利诺伊（Farnsworth House Plano，Illinois，1950 年） 图 17-3、图 17-4

密斯•凡•德罗设计，住宅只有一层空间，没有传统上所谓的封闭式房间，仅由一些不触顶的隔断将空间划分成不同区域。住宅以平板玻璃和金属构成简洁的钢铁框架结构，创造开放、融于自然的感觉，令无数战后设计师纷纷效仿。但事实上，该住宅不仅对玻璃的温控性难以把握，也使居住者感到十分不便，甚至没有常见家具，密斯一贯的高昂造价也远远超出了预算要求。

图 17-3 范士沃斯住宅，外观

图 17-4 范士沃斯住宅，室内

关注：

采用钢铁框架搭配砖石、玻璃的设计手法，成为密斯最重要的个人特色，也是战后现代主义的主要表现方式之一。

克朗楼，室内与外观，伊利诺伊（Crown Hall，Illinois，1950 年）
图 17-5、图 17-6

密斯为美国伊利诺伊工学院设计的建筑馆，又称“克朗楼”，简洁矩形，四面皆是玻璃幕墙，钢梁框架结构创造空旷内部，为室内提供了极宽敞的空间。密斯以活动隔断和储物柜来分隔不同区域，表现“通用空间”的新概念，也是“流动空间”理念的延续。所有结构部件均漆成黑色，与空间和玻璃方体相融合。密斯的“极少主义”通过对细部的关注，加上完美比例，赋予空间如古希腊建筑般宁静、典雅。

图 17-5 克朗楼，室内

柏林国家美术馆，外观与傍晚景色（National Gallery Berlin，1962 年）
图 17-7、图 17-8

密斯晚年设计，回归单纯造型，堪称是其对玻璃体追求的巅峰之作，在手法上延续了克朗楼的风格，仅在造型上多了些古典主义的庄严肃穆。整体空间呈巨大矩形，几乎不需要进行任何分割，内部毫无阻碍，可根据展览需求随时布置。空间上方的巨大黑色方顶仅由八根柱子支撑，内敛而稳重，四面通透的玻璃通过反射将周围景色与空间内外相融贯通。

哈佛大学研究生中心，外观与入口（Harvard Graduate Center，1949 年）
图 17-9、图 17-10

由格罗皮乌斯（Walter Gropius，1883~1969 年）设计，留任哈佛大学的他携七名得意门生一起组建了协和建筑师事务所（The Architects Collaborative，简称 TAC），后来其建筑作品几乎都诞生于这个团队。

图 17-6 克朗楼，外观

图 17-7 柏林国家美术馆，外观
图 17-8 柏林国家美术馆，傍晚景色

图 17-9 哈佛大学研究中心，外观

哈佛大学研究生中心是哈佛校园内的首批现代建筑，包含七座宿舍用房和一座公共活动楼。建筑之间用走廊和天桥连接，构成了既开放又分隔的庭院。弧形的公共活动楼底部透空，面朝庭院，二层为玻璃幕墙，恰好与正面的梯形庭院相融。简洁设计下所营造的室内外空间，体现了格罗皮乌斯低调却不失对典雅精致的追求，成为美国大学现代建筑的经典表达，也为日后教学空间的设计树立典范。

图 17-10 哈佛大学研究中心，入口

新迦南，外观与室内，康涅狄格州（New Canaan，Connecticut，1949 年）图 17-11、图 17-12

又名“玻璃屋”（Glass House），由菲利普•约翰逊（Philip Johnson，1906~2005 年）设计，凭借这一作品确立其在建筑界的地位。该建筑效仿范斯沃斯住宅，以四面玻璃和黑色钢架覆盖的简单矩形为主体，底面与外部均由红砖砌成；厚重的墙体打破了空间的单调性，使顶部与地面产生联系；家具均由密斯设计，无过多艺术品；纯粹的玻璃体以周边绿化为背景，融洽自然；考虑到实用性，约翰逊有意在顶部与地面安装了导热系统，保证室内温控。

图 17-11 新迦南，外观

图 17-12 新迦南，室内

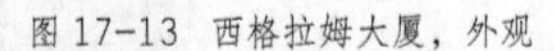

图 17-13 西格拉姆大厦，外观

图 17-14 西格拉姆大厦，灯光效果

西格拉姆大厦，外观与灯光效果（Seagram Building，1954 年）
图 17-13、图 17-14

由菲利普•约翰逊与密斯合作设计，被世人称作国际现代主义的巅峰之作。大厦如同一座矩形塔楼拔地而起，为减轻过于庞大的体量感，塔楼沿街退后近 30m，划出一块带水池的广场，也为路人创造了开阔的公共空间。在室内大厅和其他流动空间中，以简单的大理石线条作为标志。外墙用垂直金属带纵向划分，嵌入玻璃，古朴的金属质感与茶色玻璃交相呼应，与当时摩天建筑盛行的钢铝材质形成鲜明对比，格外优雅。

美国联合碳化物公司纽约总部，室内公共办公区（Union Carbide Headquarters，New York，1959 年） 图 17-15

由 SOM 设计 ，是一项具有世界影响力的项目。整座摩天大厦被设计成一个秩序井然的组合体，室内的隔板、橱柜、天花格栅及窗户都采用相同的长方形状，空调设备和顶部采光造就了舒适的工作环境，这也是当时第一座在全楼覆盖地毯来消除噪声的办公大楼。该项目标志着办公空间以一种模式化的形式迅速扩散，即室内设计更多地用于商业空间而非家居领域。

图 17-15 美国联合碳化物公司纽约总部室内公共办公区

古根海姆博物馆，室内与外观，纽约（Guggenheim Museum，New York，1942~1959年）　图17-16、图17-17

由弗兰克·劳埃德·赖特设计，展现更为有机、雕塑般的设计方式，也是赖特设计的唯一一座纽约建筑，历时多年。主体为一个内含螺旋形斜坡道的圆柱体，室内空间逐渐向上外扩，坡道宽度沿着空间外形也略有不同。艺术品沿着弧形坡道的外墙陈列，光线顺着上方玻璃穹顶渗透而入，照亮整个空间。坡道组成的展示空间赋予参观者丰富的视觉点，也使展览空间不易被各层交通轻易打断。

图17-16　古根海姆博物馆，室内
图17-17　古根海姆博物馆，外观

美国环球航空公司国际机场“TWA候机楼”，外观与室内，纽约（JFK，New York，1956~1962年）　图17-18、图17-19

埃罗·沙里宁（Eero Saarinen，1910~1961年）设计，他风格多变、极具才华却英年早逝。JFK International Airport即美国环球航空公司，在候机楼设计中，屋顶由四块钢筋混凝土外壳组合而成，壳体仅在几个接点相连，空隙处布置天窗，连底层的问讯台也呈自由曲线。凭借现代技术，沙里宁结合了建筑与雕塑二者的特性，在室内外营造出富有特色的自由形式，整体灵感源于昆虫飞行时展开翅膀这一自然形象。

图17-18　TWA候机楼，外观
图17-19　TWA候机楼，室内

克兰布鲁克学院（Cranbrook Academy）

创办于1932年，位于美国密歇根州的布卢姆菲尔德山（Bloomfield Hills，Michigan），由芬兰建筑师埃利尔·沙里宁（即老沙里宁，Eliel Saarinen，1873~1950年）掌管，培养了一代重量级设计师，包括在20世纪50年代处于设计领域最前沿的伊姆斯夫妇（Charles and Ray Eames）、埃罗·沙里宁（Eero Saarinen）、哈里·贝尔托亚（Harry Bertoia）等人。受现代人文主义观念的影响，来自克兰布鲁克学院的设计师们坚定地认为：所谓的“批量生产”正是要鼓励“优秀设计”进入庞大的市场得以量产。

图17-20 蛋壳椅

蛋壳椅（Shell Chair） 图17-20

由查尔斯·伊姆斯（Charles Eames，1907~1978年）设计，他是美国主流家具设计师，在首次发现了浇铸及胶合板粘贴的新技术之后，即在树脂中填充玻璃纤维来增加强度，将这项技术应用于家具领域，成功设计了“蛋壳椅”。这种塑料椅轻巧耐用，易于储存，广受关注并推广。随后出产的“胎椅”等经典家具均延续了这项技术。

图17-21 胎椅

胎椅（Womb Chair，1946年） 图17-21

由埃罗·沙里宁设计，“胎椅”对人的常规坐姿进行了改造，使人可以任何舒服的姿势就坐，如同婴儿在母亲子宫内一般自然与舒适，被认为是20世纪最具舒适性的设计之一。

郁金香椅（TULIP，1957年） 图17-22

由埃罗·沙里宁设计，打破了过去千篇一律的四条腿模式，通畅的底部可以随意活动下肢，而后他又在此基础上推出更加舒适的扶手椅和餐椅，构成一套经典的家具组合。

休闲椅（Lounge Chair and Ottoman，1956年） 图17-23

由查尔斯和雷·伊姆斯（Charles and Ray Eames）设计。

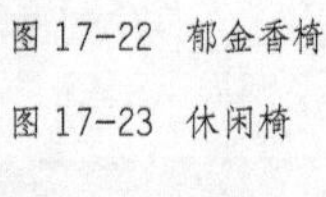

图17-22 郁金香椅

图17-23 休闲椅

诺尔家具与赫尔曼 • 米勒

图 17-24　钻石椅

在美国，两家现代家具制造商对家具发展发挥了重要作用，分别是诺尔家具公司（Knoll Furniture Company）和赫尔曼 • 米勒公司（Herman Miller Company），他们发展并大量生产了这些家具部件。诺尔公司创建于 1938 年，在理念上主要秉承密斯式的简洁与几何元素，但不失奢华的美学效果。赫尔曼 • 米勒公司则生产一些由雕塑家设计、具有现代风格的优质家具，也生产一些创新型储存式家具。

钻石椅（Daimond，1952 年）　图 17-24

由哈里 • 贝尔图阿（Harry Bertoia）设计，用金属丝网（Wire-mesh）制作，诺尔家具公司出品。

调色板玻璃桌（1944 年）　图 17-25

由日裔雕刻家野口勇（Isamu Noguchi，1904~1988 年）设计，赫尔曼 • 米勒公司出品。

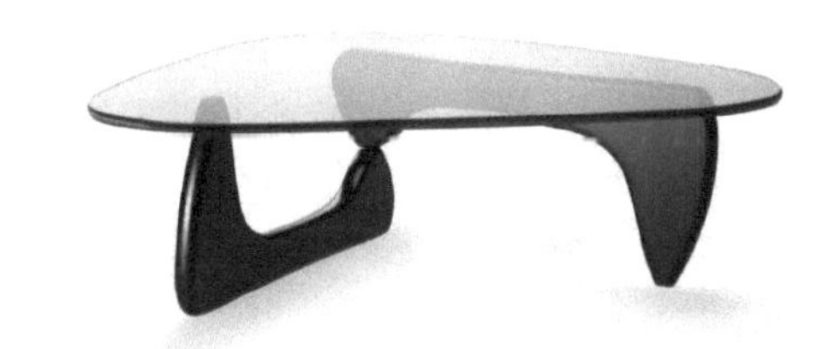
图 17-25　调色板玻璃桌

17.2　意大利的战后重建

二战后的意大利艺术，受到亨利 • 摩尔（Henry Moore）和亚历山大 • 考尔德（Alexander Calder）雕塑的影响尤为明显。摩尔的雕塑大多以人体为主题，加上变形处理，线条流畅，富有生命力。意大利本身拥有丰厚的历史底蕴，虽然现代主义的理性观念与正统的古典风格存在分歧，艺术家与建筑师们还是尝试将二者联系起来，产生一种融合了金属与塑料的曲线型有机形态，成为独特的意大利风格。20 世纪 60 年代，意大利的塑料家具、灯具因造型轻巧、色彩明亮，完全颠覆传统材料的特点，大量生产，一跃成为能与北欧学派相抗衡的重要角色。80 年代后，索特萨斯领导的“激进设计”同样引领世界前沿，他的第四代、第五代设计师们也将其统领地位一直延续至今。

图 17-26　小体育馆，外观

图 17-27 小体育馆，室内顶部

图 17-28、图 17-29 家具设计，卡西尼出品

小体育馆，外观与室内顶部，罗马（Palazzeto Dellospori of Rome，1957）图 17-26、图 17-27

结构建筑师皮尔·路易吉·内尔维（Pier Luigi Nervi）设计，突出表现在对大跨度钢筋混凝土结构的探索，空间创造大胆、富有想象。“小体育馆”堪称集建筑、结构、施工三项技术巧妙结合的优秀作品，外形比例匀称，穹顶形态优美，条条拱肋交错形成精美图案，如同一朵巨大的向日葵，巧妙地将装饰与结构融于一体，轻盈和谐又富有层次感。

卡西尼公司（Cassina）

意大利著名家具生产公司，大量生产吉奥·庞蒂（Gio Ponti，1891~1979年）、维科·马吉斯特提（Vico Magistretti，1920~2006年）和马里奥·贝里尼（Mario Bellini，1935~）等著名建筑师、工业设计师的作品，出口供应面向各种重要市场，为意大利战后家具发展起到重要作用。

卡西尼公司出品的风格家具 图 17-28、图 17-29

卡西尼公司出品的风格家具

加油站（Vitra Petrol Station） 图 17-30

建筑师琼·普鲁维（Jean Prouve，1901~1984年）设计，特点是采用传统材质（如木材），在形式上表现出更加有机的现代主义，表明战后法国现代主义的特征。

图 17-30 加油站

17.3 法国战后现代主义

法国的居住问题在战前便已相当紧张，在二战后的 20 世纪四五十年代一直处于其重建时期，住宅建设成为当务之急。但在当时，民主主义和现代主义之间也存在着一定关联，设计中仍然存有一种新的精神。此外，法国的战后经济恢复较快，至 1949 年时工业水平已经恢复到战前水准，因而设计活动相当活跃。到 50 年代晚期，法国政府通过了一系列关于发展区域与地区规划的条例，在国家的资助下建造了一批采用预制装配的工业型住宅。这些住宅区规模十分庞大，可容纳数万人甚至十万余人，住宅种类与组合形式繁多，表明法国的大型居住建筑进入全预制装配的工业化体系，迅速解决了当时尖锐的住宅问题。

关注：

当时的法国设计受美国思潮的影响，典型特征是采用传统材质（如木材），形式上表现出更加有机的现代主义。

马赛公寓，底层外观与室内公共楼道，法国（Unité d' Habitation at Marseilles，1952 年） 图 17-31、图 17-32

由勒•柯布西耶（Le Corbusier，1887~1965 年）设计，针对法国二战后紧张的住房问题，他将大楼设计成一个可容纳 1600 人的自给自足的“单元”，包含各种功能：屋顶平台为交流场所；一层为商业空间；每户公寓都包含双层起居室并自带阳台。带有服务设施的居住大楼是构成现代城市基本单元的构想，也是柯布西耶有关城市“居住单元”（Le Unite de Habitation）的最初理念。室内的重要特征还体现在材料上，如表现砖石与混凝土的结合运用。柯布西耶采用表面未经处理的混凝土预制板，使建筑呈现出一种尚未完工的感觉，钢筋混凝土是工业产物，在此却以一种人工痕迹展现出原始又朴实的雕塑感，后人称之为“粗野主义”（Brutalism）。

图 17-31 马赛公寓，外立面

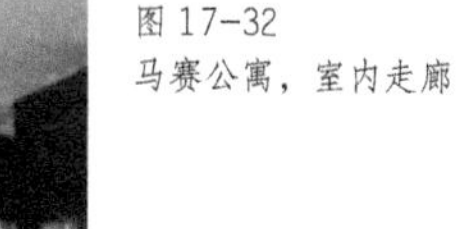

图 17-32
马赛公寓，室内走廊

雅乌尔别墅，塞纳河畔纳伊区（Maisons Jaoul at Neuilly，1956 年）图 17-33

由勒·柯布西耶设计，延续了马赛公寓的手法，在室内体现砖石与混凝土的综合运用。

图 17-33 雅乌尔别墅

朗香教堂，外观与内殿（Notre Dame du Haute chapel at Ronchamp, Haute Saone，1955 年） 图 17-34、图 17-35

勒·柯布西耶晚年最著名的作品，再现了有机风格。建筑中，抛物线形态与他战前作品中简洁流畅的几何线条形成鲜明对比；大小不一的彩色小窗错落穿插于厚重的实墙，形成道道彩色光线，视觉效果十分戏剧化；曲形的混凝土墙面形成灰暗又不规则的室内空间，教堂平面显然抛弃了传统布置方式。整座建筑外形朴拙粗厚，内部神圣静谧，除一些金属小构件之外几乎难以察觉现代主义的痕迹，仿佛重新回哥特氛围，表明了柯布西耶晚期时代的重大转变：从早年崇尚的机器美学转为如今对手工艺术的欣赏。

图 17-34 朗香教堂，外观
图 17-35 朗香教堂，内殿

图 17-36 书柜，戈登·罗素设计

17.4 英国战后现代主义

英国政府在战争时期施行的“能效计划”（Utility Scheme），采用了现代主义风格。英国因全面卷入战争而导致室内家具、陈设生产等在材料与劳力上均表现出短缺；同时，因战争带来大量重建需求，英国贸易委员会不得不实行“家具供应配给制度”，由政府确定价格。不曾料想，这一举措对于室内装饰设计的发展，有着极为重要的意义。时任艺术与工业管理委员会专家组组长的戈登·罗素秉持“优秀设计”的定义，借助能效计划带领推动了一系列结合英国艺术与手工艺风格的家具制作，又不失现代主义简约特征。

戈登·罗素主导的英国家具设计，书柜与边桌 图 17-36、图 17-37

欧内斯特·雷斯与 BA 椅 、羚羊椅　图 17-38、图 17-39

由欧内斯特·雷斯（Ernest Race，1913~1964 年）设计，英国当时在家具设计领域，由于缺乏原料而不得不寻求新的替代材料。雷斯在 1945 年与工程师努尔·尤丹（J. W. Noel Jordon）合作创办欧内斯特·雷斯制作有限公司（Ernest Race Ltd.），生产廉价家具。他于 1945 年设计 BA 椅，尝试以金属替代木材，将战时遗留的废铝熔化后制成锥形支架，造型简洁而实用。1951 年设计"羚羊椅"，秉承一贯的简洁造型与金属选材，均被大量生产。

亨斯坦顿学校，诺佛克（Hunstanton School，Norfolk，1954 年）图 17-40、图 17-41

由史密森夫妇（埃里森和彼得）设计，代表"新粗野主义"（也是现代主义在战后的一个支派），认为建筑之美应以"结构和材料的真实表现为原则"，从钢筋混凝土的毛糙、沉重、粗犷的特点中寻求形式感。在亨斯坦顿学校的设计中，建筑的预制构件被作为艺术元素加以充分利用。

鲁宾·戴的战后家具设计　图 17-42、图 17-43

鲁宾·戴（Robin Day，1916~2010 年），是二战后极为活跃的家具与室内设计大师，同样以工业化生产为目标，他在 1962~1963 年间完成了"聚丙烯"家具系列。这种家具采用聚丙烯模压而成的座椅造价低廉，可变换不同色彩，耐用而轻便，一经推出便大获成功。

帕森设计学院，纽约（Parsons The New School For Design，New York，1896 年）　图 17-44、图 17-45

由查里斯·阿尔瓦·帕森（Charles Alvah Parsons）于纽约创办，专门进行室内设计培训。

图 17-37　边桌，戈登·罗素设计

图 17-38　BA 椅，欧内斯特·雷斯设计

图 17-39　羚羊椅，欧内斯特·雷斯设计

图 17-40　亨斯坦顿学校，建筑内部

图 17-41 亨斯坦顿学校，外观

室内设计的职业化

20 世纪 60 年代晚期，英国逐渐开设高等教育分级课程，使室内装饰设计师一职趋于正规化。到 1968 年，共有 5 所艺术大学为室内装饰设计师开设了“学位制课程”。在美国，除了 1896 年创办的纽约“帕森设计学院”（Parsons School of Design），还有 1916 年创立的“纽约室内装饰设计学院”（New York School of Interior Design）和 1951 年创办的“纽约时尚技术学院”（Fashion Institute of Technology）也都设立了相关专业。到 20 世纪 80 年代，美国的大多数艺术院校都开设了学位制室内设计课程。

图 17-42、图 17-43 家具设计，鲁宾·戴

随着室内设计教育体系的建立，室内设计师需要克服的另一个障碍，便是获得建筑师的认可与尊重，因为现代主义观念中始终认为建筑师是承担整体建设的首要，并遵循“形式追随于功能”的原则。虽然，这一点也曾在日后受到“后现代主义”（Post Modernism）的质疑，但随着 20 世纪 50 年代“消费主义运动”和“波普艺术”的涌现，提升室内设计专业地位的过程还是拉开了序幕。

图 17-44 帕森设计学院，外观
图 17-45 帕森设计学院，室内

第 18 章　华夏新作——中国近现代室内设计

1840 年鸦片战争之后，中国的社会性质发生了重大变化。强势的西方近代文明使中国社会从价值观念、生活方式、甚至审美观念，都发生了重大变化。从历史文化的角度上来看，中国近现代的建筑与室内设计先后受到多次文化思潮的冲击，产生不同的设计风格，大致分为几个阶段：

第一阶段，第一次鸦片战争到 20 世纪初为近代“萌发时期”；

第二阶段，20 世纪初至 1949 年新中国成立的早期多元化发展时期，室内设计的发展与当时建筑设计的发展同步，并呈现出与国际流行风格相呼应的态势；

第三阶段，新中国建国初期至 80 年代初期，以意识形态为主导；

第四阶段，80 年代后的全面开放化时代。

图 18-1　礼查饭店，顶部装饰，上海

18.1 中国近代室内设计的萌发

关注：

当时比较典型的西方古典式有天津开滦煤矿公司办公楼、上海汇丰银行，北京清华大学大礼堂、天津老西开天主教堂、天津劝业场和哈尔滨的秋林公司等。

随着外国列强在中国殖民化的深入，在城市的外国租界、租借地、通商口岸、使馆区等特定地段，相继出现了使领馆、工部局、洋行、银行、饭店、商店、火车站、俱乐部、西式住宅、工业厂房以及各教派的教堂和教会其他建筑类型。清末“新政”和军阀政权所建造的建筑中也出现了“西洋式风格”的痕迹。这些带有浓郁异国风情的西洋建筑，成为中国近代建筑的新潮流。

西洋建筑式在中国近代建筑体系和室内风格中都占据很大的比重。从风格上看，近代中国的西洋式建筑风格，早期流行的主要是殖民地式和欧洲古典式。殖民地式指一种“券廊式”建筑，是欧洲建筑传入印度、东南亚一带为适应当地炎热气候所形成的流行样式，一般为双层带联券回廊或联券外廊的砖木混合结构。欧洲古典式在近代中国的出现，则以当时西方盛行的折衷主义风格为主要表现。

图 18-2 清华大礼堂，外观

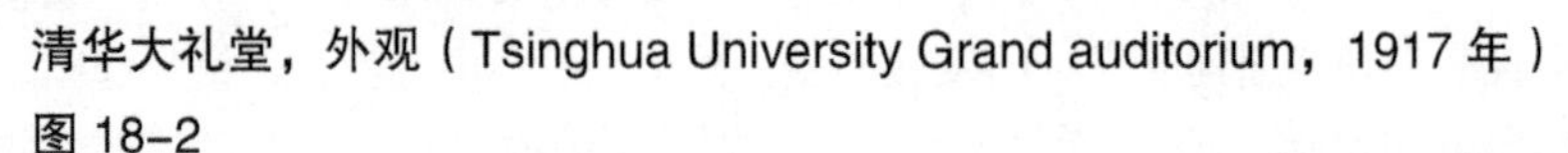

清华大礼堂，外观（Tsinghua University Grand auditorium，1917 年）

图 18-2

上海汇丰银行，大楼穹顶壁画与外观，外滩 12 号（The Shanghai Banking Corporation Limited Building，今上海浦东发展银行总部，1923 年）

图 18-3、图 18-4

近代中国西洋式建筑的代表，被认为是中国近代西方古典主义建筑的最高杰作，设计者是著名的英资建筑设计机构“公和洋行”（Palmer & Turner Architects and Surveyors）。

图 18-3 上海汇丰银行，大楼穹顶壁画

图 18-4 上海汇丰银行，外观

石库门里弄，上海（ShiKu Men，Shanghai）　图 18-5

盛行于近代上海的居住建筑形式，显示了中西合璧的特质。早期石库门里弄并未脱离传统中国民居的范畴，但整体联排式布局与欧洲做法相似。石库门形制明显脱胎于中国传统的三合院，其建筑立面最具代表性，将中西建筑的造型手法和设计语言片断嫁接拼贴，杂合使用，既非传统的中式民居，也不是某一西方建筑的简单模仿，而是融合中西特点又适合上海实当时居住现状的全新形式。

图 18-5　石库门里弄，上海

马丁堂，岭南学堂，室内走廊与外观（Martin Hall，Canton Christian College，Guangzhou，1906 年）　图 18-6、图 18-7

由英国设计师司徒敦设计，中国第一座钢筋混凝土与砖砌混合的建筑，标志着工业化带来材料与技术更新开始替代传统建筑的营造方式。岭南学堂为岭南大学前身，为纪念美国辛辛那提工业家亨利•马丁（Henry Martin）为学堂慷慨解囊而建造，后并入中山大学。

图 18-6　马丁堂，室内走廊

西方化转变

西方设计的传播，在建筑上常体现在立面或入口处，如添加西方建筑山花或其他的雕刻装饰。此时的官方建筑也开始走向西化道路，以学习西方体系为目标的国立大学也在很多方面采用了西方建筑模式。在居住空间则出现中西混杂的设计风格，如中式家具与西式壁炉、沙发共存的现象。室内设计向着西方化转变的同时，人们的思想意识同样发生着巨大的转变，表明一种传统封建保守与现实与时俱进之间的对立。

图 18-7　马丁堂，外观

18.2 近代多元化设计风格

早期的殖民地风格等西式建筑为西方设计的传播载下了积淀，但这些地区与外界是有阻隔的。如上海租界中的花园洋房，室内家具与陈设大多从欧洲直接进口而来。这些场所仅限于当时社会的上流阶层。于是，商贸活动成为了解和接受西方设计风格的重要途径，也是改变传统形式最主要的渠道。俱乐部、旅馆、洋行、银行和百货公司等陆续建设以及房产项目的开发，使大众得以真正广泛地接触到西方建筑文化。

除了建筑材料与施工外，室内设计风格成为转变过程中至关重要的因素。从19世纪中叶后期开始，各种西方建筑与室内风格纷至沓来，但中国人面对各种风格与流派时，缺乏基本的认识与理解，使得各种风格流派在当时“共处一室”。直到20世纪20年代后，以上海为首的主要商埠城市，其风格流行样式才与西方的发展步调基本持平。至30年代，随着城市经济的发展和建筑设计逐渐成熟，室内设计开始步入多元化、多样性的发展时期。

图18-8 天祥洋行，今外滩三号

图18-9 汇中饭店，外观

图18-10 圣约翰大学怀施堂

天祥洋行，上海（Dodwell & Co., Ltd，Shanghai，1917年） 图18-8

近外滩三号，上海第一座钢架多层办公楼，标志着现代钢结构作为建筑主体进入多、高层民用建筑。20世纪30年代后，这类构造技术大量运用于高层建筑中，上海当时在技术的许多方面与世界发展几乎是同步的。

汇中饭店，外观，上海（The Swach Art Palace Hotel，Shanghai，1897年）图18-9

由马礼逊洋行设计，是近代多元化风格背景下出自专业建筑设计机构的代表作品，呈文艺复兴风格。这一时期，由西方职业建筑师主导的设计机构几乎垄断了所有重要设计。

圣约翰大学怀施堂，今华东政法学院，上海（Saint John's University，Shanghai，1902年） 图18-10

由通和洋行设计，体现了设计师阿特金森（Brenan Atkinson）与达拉斯（Arthjur Dallas）尝试对中国传统建筑的探索，也是该事务所最知名的作品之一。

华懋饭店，大堂，今和平饭店，沙逊大厦内，上海（Cathay Hotel，1929年）图18-11、图18-12

上海外滩最后一次大规模改建项目之一，由英籍犹太人维克多•沙逊的沙逊集团投资，由公和洋行设计。为迎合世界各国不同文化，将一等客房分为9个不同系列的室内装饰风格，分别为英、法、美、德、日、中、印度、意大利与西班牙式。室内高度提炼了各国最典型的装饰与空间形式并融入近代建筑结构体系中，手法简洁却充分体现空间氛围。

原德国总督府旧址，室内与外观，青岛（German Governor Building, Qingdao，1908年） 图18-13、图18-14

由德国设计师弗里德里希·马尔克（Friedrich Mahlke，1871~1944年）主持设计，除大量运用德国传统木构装修之外，暖房采用钢架玻璃天棚构造，在当时尚属罕见，整体从建筑外部到室内细节均受到20世纪初德国"青年风格派"的影响。该时期，地域性风格在中国的通商口岸普遍存在，几乎全盘移植了西方本土文化。

礼查饭店，外观与室内，上海（Astor House Hotel，Shanghai，1910年） 图18-15、图18-16

今上海浦江饭店，整体为6层钢筋混凝土建筑。当时在室内增设吸烟室、酒吧等一系列空间，设计非常讲究，并在墙面安装了正流行于欧洲的大幅镜面玻璃，强烈增加了室内反光与通透度。1922年改建后，室内以英式风格为主，顶部造型借鉴意大利罗马风格的拱顶，整体室内呈英国古典式的折衷主义，又有所提炼。

中国室内设计专业领域的形成

随着大批建筑师纷纷成立设计事务所的态势，包括西方职业建筑师或留学海外后归国的中方设计师们（如庄俊、范文照等人），此时的室内设计被称作"内部美术装饰"或"内部装饰"，到20世纪30年代左右，逐渐以上海为主的经营房地产洋行发展多达数百家，极大地刺激了各式建筑与民居等产业的发展，并蔓延到各大城市，为中国近代建筑与室内设计奠定了物质基础。中国建筑师学会在1928年制定的《建筑师业务规则》中将室内设计列为一门专门的设计内容，并制定15%的取费标准，由此可以见室内设计已经开始显露出脱离建筑设计的迹象。

图18-11 华懋饭店，今和平饭店

图18-12 华懋饭店，今和平饭店

图18-13 原德国总督府旧址，外观

图18-14 原德国总督府旧址，室内

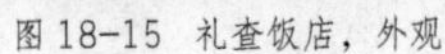
图 18-15 礼查饭店，外观

图 18-16 礼查饭店，室内

金城银行，外观与室内资料照片，天津（1928 年） 图 18-17、图 18-18

第一代中国海外留学归国设计师庄俊设计，其娴熟程度完全媲美于欧美一流学院派建筑师，反映了西方折衷主义在中国的多元化展现。中国的折衷主义的发展因受到各种文化的交杂融合，并不像欧洲那样具有纯粹性，往往呈现更多元化的折衷结果。这也受到海外留学归国的建筑师们的拥护，这批建筑师正值复古思潮强烈熏陶的年代，也成为折衷主义在中国传播的主要力量之一。

全球化的传播

在全球化文化传播之前，中国世代沿袭着传统的建筑路线，自成一派，儒道两家的哲学思想同样影响着建筑与室内装饰，这与西方建筑有着截然不同的特征。木结构成为建筑的主要构件和组成部分，但因木结构本身的特性很难长久保存。随着西方文化的渐渐深入与殖民时代的开始，中国建筑与室内装饰都发生了根本性的转变，这种转变发生在一些较为发达的城市中，归功于工业革命的突破性发展与现代化生活方式形成。

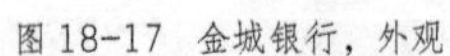
图 18-17 金城银行，外观

图 18-18 金城银行，资料照片

沙逊大厦，外观，上海外滩（Sassoon House，Shanghai，1929 年）
图 18-19

由公和洋行设计，标志着从复古主义向装饰艺术风格的成功转型，也成为上海第一座装饰艺术风格的高层建筑。在室内装饰上，交替采用几何形式与折衷主义形式，简化了文艺复兴式古典元素，卷涡式纹样运用于各种线脚、工艺灯具、门窗与楼梯上，目的是与建筑外立面的装饰形成呼应。整体室内在色彩与材料上并未放弃折衷主义的特点，大理石与镀金雕刻仍然可见，成为折衷的“装饰艺术”。

图 18-19　沙逊大厦，外观

四行储蓄会大楼，外观与室内，上海（Park Hotel，Shanghai，1933 年）
图 18-20、图 18-21

今上海国际饭店，由匈牙利人邬达克（Ladislaus Edward Hudec，1893~1958 年）设计，他是上海 20 世纪 30 年代最具影响力的建筑师，该建筑在当时被誉为“远东第一高楼”，带有明显的美国摩天大楼装饰艺术特征。外观以深褐色面砖筑成，15 层以上的渐收阶梯状强化了垂直感。室内空间利用率较高，以流线型的顶棚与柱网结构装饰贯穿整个空间，其更倾向于国际风格。

图 18-20　四行储蓄会大楼，外观
图 18-21　四行储蓄会大楼，室内

图 18-22 大光明电影院，资料照片
图 18-23 大光明电影院，室内

大光明电影院，外观资料照片与室内，上海（Brand Theatre，Shanghai，1933 年） 图 18-22、图 18-23

由邬达克设计，极致展现了“好莱坞风格”的装饰艺术，以大量反光材料营造一种脱离现实的氛围，建筑立面横竖交叉的线条与室内流畅的曲线，完全借鉴了好莱坞风格，摒弃了古典元素，成为上海时尚摩登的代表。

中国圣公会教堂，北京（Beijing，1907 年） 图 18-24

英国人传教士史嘉乐（Charles Percy Scott）筹建，又名北京南沟沿救主堂，北京最早的中国宫殿式教堂，标志着中国化折衷形式的转变。教堂的十字平面交叉处，设有木质圣坛，并围绕中式雕花木栏，家具都采用中式红木家具，地面铺设地板，室内已具备当时优越的水循环系统，成为中国化风格的开端。

国泰电影院，外观，上海（Cathay Theatre，Shanghai，1932 年） 图 18-25

鸿达洋行设计，是装饰艺术时期美国好莱坞风格的完全体现。

燕京大学，正门，北京（Peking Univercity，Beijing，1921 年） 图 18-26

今北京大学，美国建筑师墨菲（Henry Killam Murphy，1877~1954 年）在中国大学设计的巅峰之作。借鉴紫禁城形式，将中国宫殿的空间布局与造型融入其中，在建筑外部尽量保存其原味性。“中国化”风格在学校建筑上的成熟运用，印证了外国办学教育者希望在中国找到切实契合点，这种象征主义手法比西方建筑更能让中国人从内心接受。

图 18-24 中国圣公会教堂
图 18-25 国泰电影院，上海

图 18-26　燕京大学，正门

图 18-27　大华大戏院，室内

图 18-28　大华大戏院，顶部装饰

大华大戏院，室内大厅与顶部装饰，南京（Dahua Theatre，Nanjing，1935 年）　图 18-27、图 18-28

由杨廷宝设计，门厅采用对称式布局，中央大楼通向回廊与楼座，栅格式的天花装饰控制整个门厅的光源。入口立柱的柱头以绿底金粉勾画图案，结构形式明显受到西方建筑的影响。20 世纪 30 年代，中国设计师不断寻求西方近代建筑与中国传统装饰相结合的方法，杨廷宝成为和谐处理传统与现代平衡最具代表性的人物。

“南京国民政府外交部”办公楼，室内，1934，图 18-29、图 18-30

由华盖建筑事务所赵深、陈植、童寯设计，该时期民族传统复兴式的优秀作品。

图 18-29、图 18-30　“南京国民政府外交部”办公楼

18.3 新中国成立后的中国室内设计

图 18-31 北京苏联展览馆，顶部装饰

新中国成立后，城市建设成为当务之急，建筑成为改善人民生活及居住条件的必要手段，建筑工作者们以满腔热情寻求一种全新的、理想化的社会主义城市新面貌。但因政治形式转变的影响，使中国的建筑与室内设计发展历经跌宕起伏，设计的发展过程也不可避免地被当时的社会意识形态所主导。

北京展览馆，室内顶部装饰（Beijing Exhibition Center，Beijing，1954 年）图 18-31

由苏联建筑师安德列夫夫妇（Sergei Andreyev）主持，设计师奚小彭等人协助设计，新中国成立后最重要的室内作品之一，典型的苏维埃式风格。该时期创作方法开始沿着一种单纯的意识形态发展，主要表现为豪华装饰的古典造型、以纪念性和庄严性为主题的复古装饰运动。展馆室内装饰细节富有俄罗斯民族风情，但用色和谐，不失高雅，苏联的建筑与室内风格在某种程度上引导了新中国设计的发展。

图 18-32 人民大会堂，顶部装饰

人民大会堂，顶部造型与会堂，北京（The Great Hall of the People，Beijing） 图 18-32、图 18-33

新中国成立后的十大建筑之一，也是当时最重要的室内作品之一。设计从日内瓦联合国大厦中获得灵感，天花处理是室内装饰的最大亮点，穹顶中心镶嵌红色有机玻璃五角星组成核心图案，周围向外扩展的水波形暗藏灯光与周边纵横平行的满天星式点光，表达了党与人民团结一心的意识形态。该项目从设计到设备都代表了当时中国室内设计的最高水平。

图 18-33
人民大会堂，室内会堂

十大建筑的影响

十大建筑分别为人民大会堂、革命历史博物馆、军事博物馆、钓鱼台国宾馆、北京火车站、民族文化宫、农业博物馆、北京工人体育场、华侨饭店、民族饭店。从室内装饰来看，它们或多或少都受到传统文化形式的影响，在设计的过程中会不经意间将民族情感带入装饰之中。十大建筑在 20 世纪 50 年代末影响巨大，体现了对材料、结构与功能的尊重，对于民族形式本土化的诠释得到了更为精确的理解，室内设计师从原先的单纯复古转向对民族形式的继承与发展创新。

18.4　改革开放后的探索与现代追求

结束了历经十年的“文化大革命”之后，1979 ~1989 年间出现的“文化热”，则是在改革开放推动下形成的对传统意识的一次反思。这次自发性的讨论运动以“如何吸收西方文化理论与学术思想”为主题，被哈佛大学教授彼得·罗（Peter G.Rowe）视为自“五四”运动以来对社会艺术与人民生活影响最为深远的一次运动。中国设计师面对的问题是：如何看待传统与现代之间的对立，如何将西方科学技术与设计思想正确、恰当地融合于发展中的中国社会主义。随着改革开放的深入，影视、戏曲、书刊的出现，让扭曲异化的人性思想得以重新洗礼，“解放思想，繁荣创作”成为中国新时期文化艺术最为醒目的口号。

关注：

现代主义大师以“有机空间、功能原则”使中国室内设计师充分领略到空间意识的重要性，“时间—空间”两者的融合与对立关系，对中国现代主义建筑与室内设计，产生积极与重要的影响。

香山饭店，室内与外观，北京（Hill Hotel，Beijing，1982 年）　图 18–34、图 18–35

美国华人设计师贝聿铭在中国的第一件作品。设计师从自幼熟悉的江南园林中获得灵感，将粉墙黛瓦的装饰形式带入室内设计中，几何型门洞、家具、菱形窗格等细部表达与建筑外立面形成高度统一的效果，很好地诠释了现代与传统之间的融合。

图 18-34　香山饭店，外观

图 18-35　香山饭店，室内

江北机场，室内，重庆（Jiangbei International Airport，Chongqing，1990 年）图 18-36

由布正伟设计，以弧形为母题的装饰效果完美依附在室内空间结构上，但依旧十分简洁。自 20 世纪 80 年代开始，后现代主义对于“文脉主义”的提倡受到民族复兴设计者的大力推崇。

白天鹅宾馆，广州，（White Swan Hotel，Guangzhou，1983 年）图 18-37

莫伯治主持设计，采用具有岭南特色的中国园林手法，交叉梁架的采光玻璃将光照亮周围的环境，将室内焦点引到“故乡水”人工景观。室内的交通、餐厅、休息区域均围绕于此布置，立体式的绿色空间突出了设计主题，将地方特色转化为一种亲近自然的审美情趣。

金茂大厦与环球金融中心，外观，上海（Jin Mao Tower and Shanghai Global Financial Hub，Shanghai） 图 18-38

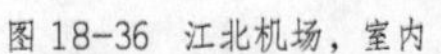
图 18-36 江北机场，室内

图 18-37 白天鹅宾馆

图 18-38 金茂大厦与环球中心

金茂凯悦，中庭灯光，上海（JinMao Skyscrape，Shanghai，1998 年）图 18-39、图 18-40

由美国 SOM 设计事务所设计，共 88 层，包括办公、餐饮、宾馆、展览等的综合性大厦。因工程量浩大，设计由 3 家美国设计公司、1 家加拿大设计公司与 1 家日本设计公司担任。由于由不同的设计机构设计，室内风格呈现多样化效果。一定程度上也代表了当时世界最高水平的室内设计，但还是以现代主义功能性作为首要目的。其中，金茂凯悦大酒店中庭灯光设计极为突出，设计师是香港著名灯光设计师关永权。

图 18-39、图 18-40 金茂凯悦中庭灯光

环球金融中心，观景天桥室内，上海（SWFC，Shanghai） 图 18-41

国家大剧院，室内与外观，北京（National Centre for the Performing Arts，Beijing，2007 年） 图 18-42、图 18-43

由法国建筑师保罗·安德鲁（Paul Andreu，1938~）设计，这座由钛金属和玻璃制成的蛋形建筑，以中部歌剧院、东侧音乐厅和西侧戏剧场组成，以一种前卫而富有争议的表达方式展现文化含义。虽然造价、环保等问题持续令人担忧，即使建成后仍招致非议，但在项目执行的过程中掺杂了许多非常中国的因素，官员意志的主导让设计从原本单纯的问题变得非常敏感，一定程度上也反映出当时中国设计环境的特殊性。

图 18-41 环球金融中心，观景天桥
图 18-42 国家大剧院，室内
图 18-43 国家大剧院，外观

第 19 章　百家争鸣——20 世纪末的多元风格

20 世纪 60 年代后的室内设计出现新的多元文化，“优秀设计”不再以统一的标准衡量。室内设计对零售业产生的影响，以及人们对家庭装饰表现出不断增长的浓厚兴趣，都使它走在了公众意识的前沿。欧美各国的主流群体，特别是日益壮大的中产阶级趋于年轻化，引领了一种回归传统主义和复古风格的潮流。建筑与室内开始朝着多元化方向发展，有别于过去单一关注某种主导风格的现象，这也令设计师们开始向着各自不同的方向探索。

图 19-1　大英博物馆，大中庭

19.1 高技风格（High-Tech）

也称“高技派”，赞颂“机器美学”，以现代主义为基础，主张采用最新的材料，注重开发利用、有形展现现代科技最先进的各种要素与形态而获取美感。随着可持续理念的深入，“高技派”设计师们更关注本土文化及地域气候，从“高新技术”走向“生态技术”，并逐步体现与多元文化、区域风格相融合的趋势，也向世人诠释了其存在最重要的一点：技术同样可以展现美感。

蓬皮杜艺术中心，外观与室内，巴黎（Pompidou Centre，Paris，1977 年）图 19-2、图 19-3

由理查德•罗杰斯（Richard Rogers）与诺伦佐•皮亚诺（Renzo Piano）合作设计，将所有结构装置暴露在外，内部无过多装饰，室内仅由活动隔断依据需要灵活分隔。交通结构布置在外，楼层内部各个空间不受阻隔，空间内外均大量保留工厂特质，打破人们对于传统文化建筑的理解，标志着第一代“高技风格”的确立。

图 19-2 蓬皮杜艺术中心，外观
图 19-3 蓬皮杜艺术中心，室内

劳埃德大厦，室内，伦敦（Lloyd's Building，London，1986 年） 图 19-4

由理查德•罗杰斯设计，建筑结构和机械系统（包括电梯）都置于外部，室内围绕带拱顶的巨大中庭，这一手法后被广泛用于各类办公建筑中。公司的象征物卢廷大钟（Lutine Bell，1799 年从荷兰沿海一艘沉船上打捞上来）作为底层视线焦点，整体空间展现以玻璃、结构和服务性融为一体的新感觉。

图 19-4 劳埃德大厦，室内

贝耶勒基金会美术馆，晚间外景与室内，瑞士巴塞尔（Beyeler Foundation Museum，1997 年） 图 19-5、图 19-6

由伦佐•皮亚诺（Renzo Piano）设计，呈长方形盒式建筑，关键在于将外部风光与室内空间、展品融于一体。建筑体与池塘相接，借助湖面将反光闪现于室内墙面。馆内几乎无多余布置，天花覆盖玻璃顶并过滤了光线，保证参观者始终处于舒适的照度。

图 19-5 贝耶勒基金会美术馆，晚间外景
图 19-6 贝耶勒基金会美术馆，室内

最大动力学房屋，室内与外观模型（Dymaxion House，1927 年） 图 19-7、图 19-8

由英国设计师理查德•巴克敏斯特•富勒（Richard Buckminster Fuller，1895~1983 年）设计，又称“戴马克松房屋”，以六边形为平面，地面抬高，中部悬挂缆索，依靠技术手段颠覆了当时传统住宅的所有特质。

图 19-7 最大动力学房屋，室内
图 19-8 最大动力学房屋，外观模型

球体网架穹顶（Geodesic Dome） 图 19-9

由理查德•巴克敏斯特•富勒研发，以三角形构件组成的半球穹顶，证明了如何以最少耗材来解决空间问题。穹顶的空间利用率与视觉美感均表现突出，但也无法在几何形式上有进一步发展。

图 19-9 球体网架穹顶

图 19-10 专题研究性住宅，外观

图 19-11 专题研究性住宅，室内
图 19-12 德乌尔索公寓

专题研究性住宅，外观与室内，加利福尼亚（Case-study House，California，1949 年） 图 19-10、图 19-11

由伊姆斯夫妇（Charles Ray Eames）与小沙里宁合作，位于加州太平洋沿岸，是最早采用预制钢结构的住宅作品之一。因面对战后严峻的材料短缺，住宅内运用大量预制板和现成品，外墙采用透明玻璃搭配色彩鲜艳的石膏板，大胆的手法削弱了建材固有的阴冷感，成为住宅领域改革性的技术突破。

图 19-13 香港汇丰银行总部大楼，中庭

德乌尔索公寓，室内，纽约（Apartment by D'Urso，New York） 图 19-12

由约瑟夫·保罗·德乌尔索（Joseph Paul D'Urso）设计，采用医疗风格，如医院内常见的不锈钢洗槽、金属围栏等，甚至连门的样式也与医院如出一辙，这一做法迅速引发了人们对于工作与家庭环境之间的关联思考。

香港汇丰银行总部大楼，中庭与底层大厅（The Hongkong and Shanghai Banking Corporation Limited，Hong Kong，1979~1986 年） 图 19-13、图 19-14

由诺曼·福斯特（Norman Foster）设计，平面为一个被局部切割的矩形，采用悬挂结构使所有楼层由 8 组高度不等的钢柱支撑，对称布局庄重而典雅；电梯、工作间、厕所等均布置于外侧，中庭畅通无阻；大量采用通透材质使整体空间具有良好的采光度，白天光线自上而下穿透，夜晚则以地下城的人工照明使大楼底部晶莹发亮，节省了大量资源。

图 19-14　香港汇丰银行总部大楼，底层大厅

图 19-15、图 19-16　柏林国会大厦，穹顶

柏林国会大厦，穹顶内部（Reichstag Dome，Berlin）图 19-15、图 19-16

由诺曼•福斯特设计，利用光线反射照亮室内。这是一项修缮性改造设计，将原来的砖石拱顶改为以玻璃、金属为主材料的穹顶，人们可经电梯通达穹顶，或沿边缘的螺旋坡道盘旋向上，既可俯视大厅内部又可远眺城市景观。设计师刻意安排参观者“行走于政治家之上”，透露出“民主平等”的意识。

大英博物馆中庭，外观与室内，伦敦（Great Court，London）图 19-17、图 19-18

由诺曼•福斯特设计，同样以玻璃作为解决展馆入口与连接的途径，视觉效果惊艳。整个中庭空间包括馆内原19世纪的建筑面貌和一间中央阅览室。顶部覆盖晶格状的玻璃顶棚，滤光玻璃使钢架结构变得柔和，加上阴影的效果略带网状花边般的装饰感，反衬出近 2000 ㎡空间的纯净与大气，巧妙地平衡了空间原有的空旷之感。

图 19-17　大英博物馆中庭

图 19-18　大英博物馆，鸟瞰

阿拉伯世界文化中心，室内公共区与走道，巴黎（Institut du Monde Arabe，1987年） 图19-19、图19-20

由法国建筑师让•努维尔（Jean Nouvel）设计，设计沿用技术的同时更关注空间的文化内涵，高度表现在对装饰与结构的统一处理，通过细腻展现建筑工艺细节，明确表达了20世纪末的高技特征。

冬季花园，世界金融中心底层中庭，纽约（Winter Garden from World Financial Center，New York，2007年） 图19-21

由阿根廷设计师西萨•佩里（Cesar Pelli）设计，位于纽约世界金融中心底部，做法效仿了1851年伦敦水晶宫，空间内色彩协调，公共区可作为音乐厅、展览馆或其他需要使用，平时用于通行。从性质上说，这个带有娱乐功能的公共空间，具备了16世纪意大利广场的功能和社会特征。

图19-19 阿拉伯世界文化中心，室内公共区

图19-20 阿拉伯世界文化中心，走道

关注：

在全世界范围内，大量运用以技术为特征的设计风格不再是曲高和寡的另类。不少曾经否认自身与高技有关的设计师们，在他们的作品中也越来越多地呈现出高技的特点。

图19-21 冬季花园

19.2　后现代主义（Post-Modernism）

后现代主义建立在建筑实践基础之上，针对现代主义蓬勃发展之后开始出现各种不满与质疑，遂产生与之不同的倾向。后现代主义并未一味模仿古典样式，而是通过隐喻、联想的手法，使用现代技术与材料，综合各种效果，创造一种新的风格。虽然发展到后期因过度追求形式而招受质疑，但在追求创造的过程中，尤其在 20 世纪末的美国地区，发展为一支主流。这一时期的室内设计基本受到建筑风格的影响。

孟菲斯设计团队（Memphis Group）

该团队具有标志性的室内设计风格，意大利设计在“后现代”室内创新过程中的重要角色。埃托•索特萨斯（Ettore Sottsass）于 1981 年组建了孟菲斯设计团队，从此对室内领域产生不可估量的影响。设计常依照“后现代”美学观进行创作，嘲讽意大利的现代主义观念；又善于向大众文化汲取灵感，使之成为大众消费的一部分；其最大的魅力在于，能在瞬间引起关注。

室内设计作品，孟菲斯设计　图 19-22、图 19-23

图 19-22、图 19-23　室内设计作品，孟菲斯设计团队

图 19-24　卡尔顿房间的隔断

卡尔顿房间的隔断，米兰交易会（Carlton room-divider，1981 年）图 19-24

孟菲斯的家具设计，常在表面覆盖一层带有图案的塑料层，索特萨斯的设计诙谐、大胆、充满趣味，该作品在表面覆盖了色彩明亮的塑料层，仿照大理石面的效果表现出与众不同的形状，传统观念的储藏空间截然不同。

图 19-25　拳击围栏

拳击围栏（Boxing-ring）　图 19-25

孟菲斯在设计中常用超乎常规、不成比例的做法，采用与家具格格不入的风格形式，如该套座椅由梅田（Umeda）设计，以“拳击围栏”（Boxing-ring）为基础元素，这套作品的其中一件后来被时装设计师卡尔•拉格菲尔德（Karl Lagerfeld）购得，用于其公寓装饰。

图 19-26 巴黎文化部长办公

图 19-27 奈杰尔·科茨作品

图 19-28 奈杰尔·科茨作品

图 19-29 栗山别墅，外观

巴黎文化部长办公室，室内（Minister of Culture，Paris，1985 年）图 19-26

由安德莉·普特曼（Andree Putman）设计，展现了法国官方对后现代室内设计的支持。该项目严肃而正式，室内的枝形吊灯、窗户、古典法式“护墙板”（Boiserie）及墙面等都经过精心处理，与后现代风格的椅子、半圆桌及灯具形成对比，产生戏剧化的效果。

奈杰尔·科茨（Nigel Coates）的自由创作 图 19-27、图 19-28

奈杰尔·科茨善于借助对 19 世纪“折衷主义”的运用，在作品中呈现欧洲的壮丽与衰变。他曾于 1983 年举办展览，展出其收集的一些随手捡到的物品和一些形式自由的图画，目的在于提醒人们更多地去思考结构，而不是按部就班地按照计划或模型来刻画形式。

栗山别墅，外观与室内，费城郊区（Vanna Venturi House，1964 年）图 19-29、图 19-30

罗伯特·文丘里（Robert Venturi）为母亲设计，手法做了大胆尝试，把室内焦点集中在楼梯、壁炉、烟囱的“互动”中，家具也大多是传统的而非现代主义风格，恰好与这些反常规的布置构成对比。

图 19-30　栗山别墅，室内

AT&T 总部办公大楼，外观与室内底层大厅，纽约（AT&T Headquarters Building，New York，1983 年）　图 19-31、图 19-32

由菲利普•约翰逊（Philip Johnson，1906~2005 年）设计，是其晚年倾向后现代主义的表现。建筑坐落在纽约曼哈顿的麦迪逊大道，约翰逊将古典构件进行变形后加载到现代化的大楼上，刻意造成不协调的尺度感，如顶部巨大的三角形山花。室内高大的柱廊、拱券等形态，让人回想起“罗马风”时期的修道院。整座建筑集合了古典与现代风格，是后现代主义设计中最有影响力的作品之一。

图 19-31　AT&T 总部办公大楼，外观

图 19-32　AT&T 总部办公大楼，底层大厅

19.3 晚期现代主义（Late Modernism）

在多元化环境下，晚期现代主义拒绝接受后现代主义的特征，也是20世纪末的风格发展中最为保守的一派，坚持执着于早期现代主义的设计观念与原则，避免使用任何历史装饰，但作品并非一味模仿现代先驱，而是发展出自身创新，重新诠释现代主义。

图 19-33 理查德医学实验楼，外观

图 19-34 理查德医学实验楼，平面图

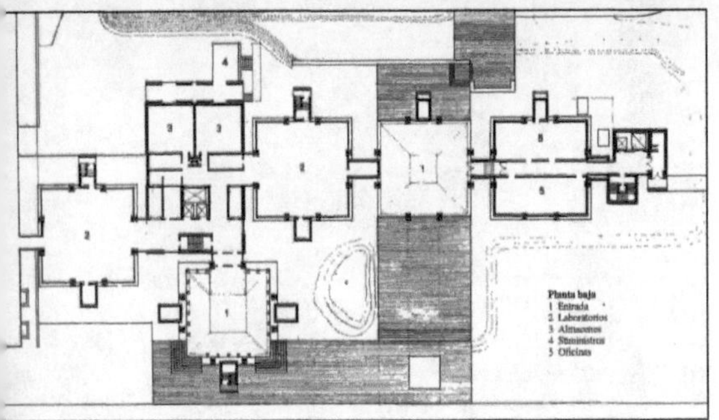

理查德医学实验楼，外观与平面图，宾夕法尼亚大学（Richards Medical Research Building，1960 年） 图 19-33、图 19-34

由路易斯•康（Louis Kahn，1901~1974 年）设计，他是 20 世纪最为重要的建筑师和建筑思想家。康在设计中发展了有关“主空间”与“辅空间”的概念，巧妙地把各种主次功能分别安置在四座“塔”内，生动诠释了“主”、“辅”理念，同时预留出“可发展空间”便于日后扩建，这一考虑很具有远见，因为实验楼的确从建造之初的三座慢慢发展到现今的七座，加上丰富的光影效果，这项设计被誉为现代主义风格的晚期杰作。

金贝尔美术馆，室内展区，德克萨斯州沃思堡（kimbell art museum，Fort worth, Texas，1972 年） 图 19-35、图 19-36

由路易斯•I•康设计，通过材料特性与采光需求，空间中没有强烈对比，而是表现质感相近、肌理混合为一的共存感。体现出康的“对话精神”，即是与外界和谐共存，表达对环境的关注与尊重。

健身公寓，室内，纽约（Gymnasium Apartment，New York） 图 19-37、图 19-38

查尔斯•格瓦德梅（Charles Gwathmey，1938~2007 年）设计，以健身馆为基础进行的改造设计，顶部与二层扶手等多处展现原空间痕迹。格瓦德梅热衷于舒适活泼的室内设计风格，家居别墅是其擅长领域，善于运用豪华装饰彰显个性，不仅仅是简单地拼合。他多年来坚守现代主义原则，并与其他几位大师一起共同发展了晚期理念，赢得了普遍尊重。

图 19-35 金贝尔美术馆

图 19-36 金贝尔美术馆

图 19-37、图 19-38　健身公寓

盖蒂中心，洛杉矶（Getty Center，LA，1997 年）　图 19-39、图 19-40

由理查德•迈耶（Richard Meier）设计，曾是 20 世纪最大的建筑。迈耶在平面上确立了两套交叉轴网，一套与洛杉矶市区的街道网络一致，另一套与相邻的高速公路保持一致，挑战常规的平行手法。整体空间由五幢双层展厅围合而成，设计将这些展馆逐个设立又紧密串联，之间穿插着休憩区、庭院与平台，弱化了建筑的尺度感。

图 19-39　盖蒂中心

图 19-40　盖蒂中心，走廊

德国乌尔姆市政厅（Ulm Rathaus，1993 年）　图 19-41

由理查德•迈耶设计，组织在旧城空间的一个综合建筑。迈耶在此回归了白色主题，将主体建筑设计成网状白色方格，开敞的底层透过建筑中央，由天桥相连，形成分立的办公区域与公共空间，也使广场上的行人可以自由穿行，三角形天窗大量引入阳光，为室内提供了充足的照度。

图 19-41　乌尔姆市政厅

图 19-42 美秀美术馆，走廊
图 19-43 美秀美术馆，室内观景台

美秀美术馆，室内观景台与走廊，日本（Miho museum，1997 年）图 19-42、图 19-43

由贝聿铭设计，明显展示晚年的东方意境，尤其是对故乡中国山水风景的敬意，“借景”的手法在日本也有着同样传统。此外，“光线设计”始终是贝氏崇尚自然的另一种体现。

苏州博物馆新馆，外观（Suzhou Museum，2006 年） 图 19-44、图 19-45

由贝聿铭设计，主导其一生的始终是融建筑于自然的空间观念，他以材料表现现代美感的独特手法，很好地诠释了时代与美感的同步表达。苏州博物馆的特点依然是以内庭将内外空间串连，通过中国传统园林中“借景”的手段，截取或剪裁自然中的一部分纳入视觉。

图 19-44 苏州博物馆新馆，走廊
图 19-45 苏州博物馆新馆，内庭

19.4　解构主义（Deconstructivist Movement）

以法国哲学家、解构主义理论大师雅克•德里达（Jacques Derrida，1930~2004 年）的文学理论为基础，这种风格在室内设计上的应用体现在将组成室内的各个元素一一拆解。解构主义充满对正统原则及风格的否定与批判，主张恒变、无序、不定形、无中心等“叛逆元素”，反对现代与传统之间的二元对立，试图将各种风格元素进行重构，以更加宽容、自由、无序的手法来达到新的目的。

图 19-46　学生中心“勒纳堂”，外观
图 19-47　学生中心“勒纳堂”，室内

学生中心“勒纳堂”，外观与室内，哥伦比亚大学建筑学院（Lerner Hall，1999 年）　图 19-46、图 19-47

由伯纳德•屈米（Bernard Tschumi）设计，原设计出自麦金、米德和怀特（McKim Mead & White）的新古典主义风格，需要顺应原有的校园规划。屈米运用玻璃与钢材建造连接各层的坡道、楼板，形成一个回形空间。玻璃幕墙使校园景色与室内相互映衬。

维特拉博物馆，侧面外观与室内，德国莱茵河畔（Vitra Design Museum，German，1990 年）　图 19-48、图 19-49

由弗兰克•盖里（Frank Gehry）设计，将各种形式的白盒子组合在一起，或向外突出，或向内挤压；馆内的各种曲线和角度使空间形态一目了然，形成不连续的区域，但尺度融洽，光线的效果也使空间本身具备引导性。

图 19-48　维特拉博物馆，侧面外观
图 19-49　维特拉博物馆，室内

古根海姆艺术博物馆，外观与室内顶部，毕尔巴鄂，西班牙（Guggenheim Museum, Bilbao ，Spain，1998 年） 图 19-50、图 19-51

由弗兰克•盖里设计，曾被誉为“世界上最有意义、最美丽的博物馆”。建筑使用玻璃、钢和石灰岩，部分表面覆盖钛金属，寓意该市长久以来的传统造船业。馆内面积约 24000 ㎡，仅陈列空间就达 10000 ㎡，共分十九个展厅，其中一间艺廊为全世界最大之一。

迪士尼音乐厅，鸟瞰与室内演奏大厅，洛杉矶（Walt Disney Concert Hall, Los Angeles，2003 年） 图 19-52、图 19-53

弗兰克•盖里的又一种“激进”表现，尝试将音乐厅从规整的矩形模式中解放出来，想法源自文艺复兴时期的罗马艺术。盖里从米开朗琪罗和达•芬奇作品寻求灵感，以画布的褶皱作为形态元素，并且错综复杂的内部空间却达到良好的声学效果，得到普遍赞誉。

图 19-50 古根海姆艺术博物馆，室内仰视
图 19-51 古根海姆艺术博物馆，外观

图 19-52 迪士尼音乐厅，鸟瞰
图 19-53 迪士尼音乐厅，演奏大厅

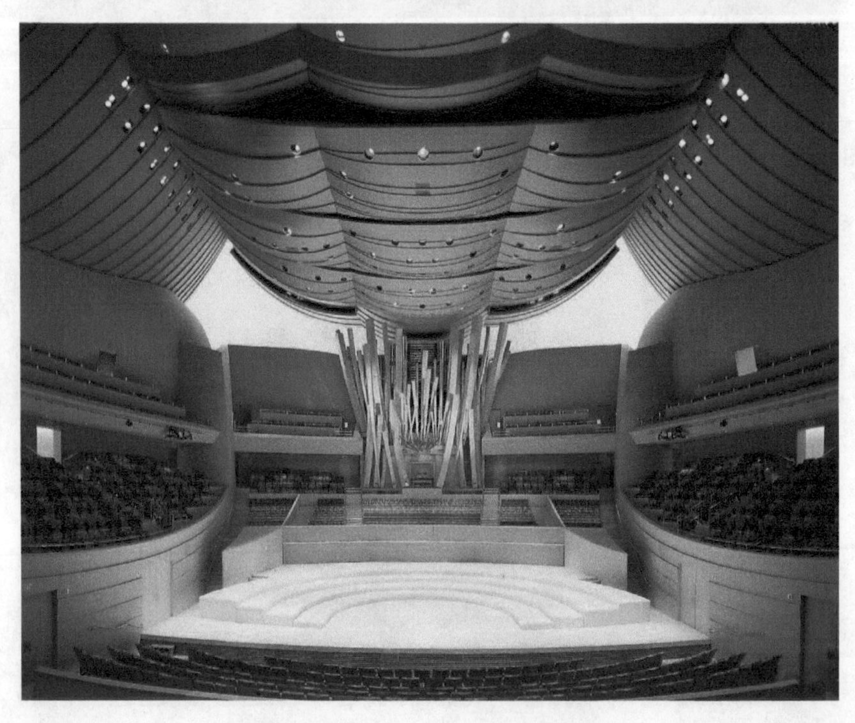

韦克斯纳视觉艺术中心，入口，俄亥俄州州立大学(Wexner Center，1989 年) 图 19-54

由彼得 • 埃森曼（Peter Eisenman）设计，采用一条狭长的走廊将一系列松散的建筑单体串联起来，包括在主入口处的一些弧形的塔状单体。室内的“白色格子”无处不在，或形成构筑物穿插于走道，或穿插于空间中任意部分。

阿朗诺夫设计艺术中心，室内，辛辛那提（Aronoff Center for Design and Art，1996 年）　图 19-55、图 19-56

由彼得 • 埃森曼设计，错层的形式感与强烈的色彩成为设计的核心，这是一项更新改造项目，在表面和空间上都能解读出解构语言。

柏林犹太博物馆，鸟瞰、室内展厅与楼道间（Jüdisches Museum Berlin，

图 19-54　韦克斯纳视觉艺术中心

图 19-55、图 19-56
阿朗诺夫设计艺术中心，公共空间

1999年） 图19-57、图19-58、图19-59

由丹尼尔·利伯斯金（Daniel Libeskind）设计。他出生于犹太家庭，个人经历坎坷，设计展现他对生命与死亡更为深刻的领悟。整座空间必须经过狭长的地下通道，刻意让参观者感受压抑的灰暗感。室内空间突出“光”与“扭曲”，材料使用非常平实，仅通过扭曲感获取空间的精神力量。

图19-57 柏林犹太博物馆，鸟瞰
图19-58 柏林犹太博物馆，室内展厅
图19-59 柏林犹太博物馆，走道

19.5 独树一帜的个性化风格

玛玛谢尔特旅馆，室内，巴黎（Mama Shelter hotel，Paris） 图19-60、图19-61

由菲利浦·斯塔克（Philippe Starck）设计，他是极具创意的设计师，最初以家具设计为人所熟知，涉猎甚广，在各领域都有出色表现，成为一个时代标志。斯塔克善于整合塑料和金属，融合直线与曲面设计，但又从不固定风格。两图为其设计的巴黎“玛玛谢尔特”旅馆。

图19-60 玛玛谢尔特旅馆，室内
图19-61 玛玛谢尔特旅馆，餐厅

水晶展馆，室内，巴黎（Maison Baccarat，Paris，2003 年） 图 19-62

由菲利浦•斯塔克设计，与世界顶级水晶品牌“Baccarat”合作。斯塔克在保持品牌自身贵族气质的同时，又将奢侈品概念推向更年轻的客户群。项目所在地是一所历史宅邸，设计保持了其古典外形，在内部水晶与光线的折射效果展现时尚气质。

图 19-62 水晶展馆

摩根斯大酒店，套房起居室，纽约（Morgans Hotel，New York）图 19-63

由国际级女性设计师安德莉•普特曼（Andree Putman）设计，她始终在各个领域的前沿有所表现，摩斯根大酒店是其个人知名作品。普特个人成就很高，对现代艺术却情有独钟，其创立的 ECART 工作室改良了 20 世纪以来的家居设计，将简约、自然、幽默和功能性作为主要特点融入法式家具和室内设计之中。作品多以灰色为基调，家具或房间通常以冷色为主，借助暖色陈设加以中和。

图 19-63 摩根斯大酒店，套房

图 19-64 Pershing Hall 大酒店

潘兴豪尔大酒店（原巴黎的美国驻军处），中庭咖啡厅，巴黎（Pershing Hall，Paris） 图 19-64

由安德莉•普特曼设计，将观念和材料巧妙组合，形成独树一帜的质朴感，空间强调简明的线条、颜色和层次感，创造自然、亲和又不盲从的风格。

法式家具设计 图 19-65、图 19-66

安德莉•普特曼的家具作品。设计关注细节，拒绝累赘的装饰，坚持以廉价材料塑造高雅品质。

图 19-65 法式家具设计（一）

图 19-66 法式家具设计（二）

图 19-67 波尔多别墅，室内

波尔多别墅，室内，波尔多（Maison of Bordeaux，1998 年） 图 19-67

由雷姆•库哈斯（Rem Koolhaas）设计，业主是一位依靠轮椅生活的残障人士。室内虽然以现代建筑的简洁装饰为主，但混凝土通道、通透视觉、密集的小窗洞、超现实主义挂画和古典风格的座椅，种种手法都增强了视觉效果，反映出超现实主义对库哈斯的影响，也表明他在建筑环境下探索意识力量的尝试。

维特拉消防站，外观与二层室内，德国（Vitra Fire Staition，Germen，1993 年） 图 19-68、图 19-69

扎哈•哈迪德（Zaha Hadid）设计，因充满幻想和超现实主义风格而名噪一时。通过营造建筑物优雅、柔和的外表和保持建筑物与地面若即若离的状态，达到理想的效果。

图 19-68 维特拉消防站，外观
图 19-69 维特拉消防站，室内

梅溪湖文化艺术中心，室内方案，长沙（Meixihu International Culture and Art Centre，Changsha） 图 19-70

扎哈•哈迪德设计，盘旋、环绕、极致夸张成为主要特色，并反复出现在各个部分，独树一帜的曲线形态使作品具有很高的辨识度。扎哈近年来的作品逐渐流露出贴近自然的浪漫主义品位。

图 19-70 梅溪湖文化艺术中心，室内方案

19.6　东西风格的交融

二战后的亚洲各国，唯有日本迅速回复经济实力，并在一段时期内遥遥领先。这一时期的东方室内设计以日本为最突出代表。战后不久的日本国内，民族风格曾一度被视为带有反动和右倾色彩，而新建的建筑又被美国现代主义主流所左右。而后，日本民族重新认识到传统的珍贵价值，在室内领域大都采用一种空灵、非对称的传统设计手法。另一方面，与日本有着复杂历史情感的中国，在战后经历了重大的社会变革，设计领域的表现也在数十年间取得惊人的发展，这部分内容，在上一章已做具体讲述。值得关注的日本主要设计师有桢文彦、黑川纪章、相田武文和安藤忠雄等。

琦玉县立近代美术馆，外观与室内过廊，日本（Saitama Prefectural Museum of Modern Art，1982 年）　图 19-71、图 19-72

由黑川纪章（Kisho Kurokawa）设计，除了重视中西文化结合之外，更注重不同地域性相互渗透。他首次提出“灰空间”概念，一方面指色彩，提倡“利休灰”思想，以红、蓝、黄、绿、白混合出不同倾向的灰色来装饰空间；另一方面指介乎于室内外的过渡空间，表现为大量采用庭院、过廊等手法。

鹿儿岛国际音乐厅，外观与演奏大厅，日本（Kirishima International Concert Hall，Japan，1994 年）　图 19-73、图 19-74

由桢文彦（Fumihiko Maki）设计，作品植根于风土并具有东西方双重文化精神，尺度精准、简练、精致；构造上采用“散文式”做法，赋予空间更多层次的内涵，以现代语言诠释着日本设计一贯的纯净与品格。

图 19-71　琦玉县立近代美术馆，外观
图 19-72　琦玉县立近代美术馆，室内过廊

图 19-73　鹿儿岛国际音乐厅，演奏大厅
图 19-74　鹿儿岛国际音乐厅，外观

图 19-75 兰根基金会美术馆，外观
图 19-76 兰根基金会美术馆，室内

兰根基金会美术馆，外观与室内，诺伊斯市郊（Langen Foundation, Neuss，German，2004 年） 图 19-75、图 19-76

由安藤忠雄（Tadao Ando）设计，通过对混凝土的纯熟运用，以原始的质朴感展现人与自然的紧密联系，对自然与光线的尊重，反复体现在他的思想与各类作品中。

住吉的长屋，室内（Koshino House，1976 年） 图 19-77

由安藤忠雄设计，表现其“建筑是人与自然的媒介，既是理性的又是脆弱的”思想，这项设计的关键在于很好地体现了“在城市中建造另一个世界，人们的生活似乎又重回大自然的怀抱”这一主题。

光之教堂，室内，大阪边郊（Church of light，Osaka，1989 年）图 19-78

安藤忠雄“教堂三部曲”中最为人称道的设计，以混凝土的质朴，加上在教堂正墙上开凿十字形开口而创造特殊的光影效果，使信徒们产生接近上帝的错觉而名垂青史，赢得 1995 年度普利兹克建筑奖。

走向多样化的过程中，不少设计师的风格及理念甚至是相互抵斥的，各种“主义”从未如此繁多，设计界 “百家争鸣”的现象很大程度上得益于科技与材料的急速创新，建筑和室内在形态与功能上均表现出更加紧密的互动。这一时期的设计师们似乎被赋予了“现代设计的探索者”的重任，无论是哪一种风格，都为设计界注入了新鲜血液，也对时下社会产生不确定的影响。

图 19-77 住吉的长屋，室内
图 19-78 光之教堂，室内

第 20 章　永续未来——新世纪的持续发展

21 世纪是一个后工业全球化的时代，当代室内设计作为一种成熟的文化标志，依然保留着大量值得探究的内容，并在某种程度上诠释着主流大众的审美取向。总的来说，室内设计所呈现出的多样化，除了全球化趋势之外，很大程度上得益于发达的媒体信息。尤其在商业领域，人们更加关注对企业形象的识别与品牌效应的整体体现。近年来，室内设计的话题渐渐成为一个更加持续性的学术问题。“可持续发展”在世界范围变得日益重要，使得设计过分强调时尚的惯例发生了改变，并且更加谨慎地使用资源，在今天日趋堪忧的自然环境下，环境与生存之间的关联已变得极为紧密。

图 20-1　泰特现代美术馆，涡轮大厅

20.1 绿色设计与生态革新

图 20-2 冰雪酒店，客房

多元化风格持续的21世纪，是个强调过程而非形式的年代，“绿色设计”就是这种趋势发展的一个例子。设计师们遵循环境保护法则，并把它列入设计思考的范畴，力图在“人—社会—环境”之间建立起一种协调发展的机制，反映了人们对于现代科技文化所引起的环境及生态破坏的反思，同时也体现了设计师道德和社会责任心的回归。另一方面，设计领域的“高技派”发展正逐渐转向“生态高技”，当建筑的室内空间与外界自然越来越紧密地交融成为设计的特点时，曾经作为室内外分界的门槛如今显得逐渐弱化。比起耗能的空调设备，人们更倾向于创造合理的通风设计。这些均标志着20世纪以来设计发展的一次重大转变，并成为当代与未来的主要趋势之一。

图 20-3 冰雪酒店，教堂

冰雪酒店，室内教堂与客房，基律纳，瑞典（Ice Hotel，Kiruna，Sweden，1990年） 图20-2、图20-3

位于瑞典名城基律纳（Kiruna）的“Jukkasjarvi”村。酒店由一个年会经营，年会的参加者们都会受邀入住并共同参与酒店的大厅及客房设计。整座酒店被冰块覆盖，依据自然规律溶化于暖春，又再建于冬季。

商业银行大厦，外观与局部结构，法兰克福（Commerzbank Tower，Frankfurt，1997年） 图20-4

由诺曼•福斯特（Norman Foster）事务所设计，“生态高技”的成功例证。设计师坚持生态理念引导，大楼平面呈三角形，围绕中庭布置，办公室两边的窗户都可开启，充分利用采光与通风。最特别的是，办公楼内部螺旋向上设置了13个三层高的绿化空间，使职员们能随时享受绿色自然，同时也为周边办公室输送氧气，构成独特的中庭效果。

图 20-4 商业银行大厦，外观与局部结构

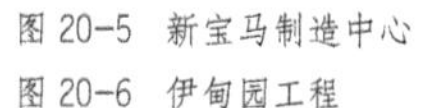

新宝马制造中心，室内生产区，莱比锡，德国（BMW plant，Leipzig，Germany，2004 年）　图 20-5

由扎哈·哈迪德设计，空间上采用内外对流原理，以宝马三系车型的生产线为中枢，将各个生产区域整合于一体。最引人注目的是：组装车辆生产线沿着环绕建筑的轨道穿梭于各个区域，如前台区甚至是员工食堂。

伊甸园工程，康沃尔郡，英国（Eden Project，Cornwall，England，2001 年）图 20-6

由尼古拉斯·格里姆肖（Nicholas Grimshaw）设计，采用双层钢结构拱顶覆盖乙烯四氟乙烯（ETFE，一种高强度塑料）薄膜，使光线能最大程度地透射进室内，利于太阳能利用。温室内种植来自全球不同气候的植物，旨在提醒人类意识到自身对自然世界的依赖。

瑞士再保险公司总部，外观与室内，伦敦（Swiss Re-insurance Company，London，2004 年）　图 20-7、图 20-8

由诺曼·福斯特设计，建筑主体所耗能源仅占同等高度建筑能耗的 50%，结构中一系列螺旋向上布置的“腔室”，将空气输送到巨大空间内的各处角落。建筑顶部的俱乐部依靠大面积玻璃采光，创造出可以俯瞰全城的极佳视野。

图 20-5　新宝马制造中心

图 20-6　伊甸园工程

图 20-7　瑞士再保险公司总部，室内

图 20-8　瑞士再保险公司总部，外观

20.2 旧建筑改造与 LOFT 发展

图 20-9 1933 老场坊，廊桥空间

图 20-10 1933 老场坊，廊桥空间

自 20 世纪中期开始，发达国家便经历了一场严重的逆工业化过程，伴随第三产业的迅速崛起和产业结构的巨大调整，结构性和功能性的双重衰退迫使大片污染用地和产业历史建筑被闲置，出于环境与经济压力的考虑，人们开始关注旧建筑的保护与再利用。在改造的过程中，因大多数旧建筑都存活于工业时代，过去的结构特色在日后滋生出一种新的 LOFT 类型。LOFT 的字面意义是“仓库、阁楼”的意思，但这一称谓在 20 世纪后期逐渐演化成为一种时尚的居住与生活方式，其内涵已远远超越了最初意义。

1933 老场坊，廊桥空间，上海虹口区（Shanghai，2008 年） 图 20-9、图 20-10

原上海工部局宰牲场，由英国设计师巴尔弗斯（Balfours）设计，全部采用英国进口的混凝土结构。整体空间完好保留了原建筑的构造特性，其中不难寻觅古罗马巴西利卡式风格，外圆内方的基本结构也暗合了中国“天圆地方”的风水理念。整体空间与光影的巧妙配合，在晚间效果尤为突出。

奥赛美术馆，室内大厅，巴黎（Musee d'Orsay，Paris，1986 年） 图 20-11、图 20-12

这并不是新世纪的作品，却是当代最有影响力的改建作品之一。美术馆经历过多次变换，从最初的宫廷建筑变更为火车站，最后经改建于 1986 年正式以美术馆的身份面向大众。改建过程中大量保留了原有结构元素，如全钢构架、玻璃天顶、月台等。

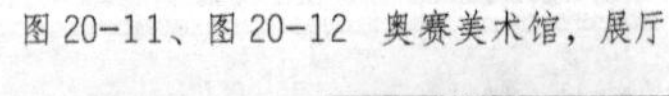

图 20-11、图 20-12 奥赛美术馆，展厅

图 20-13　泰特现代美术馆，涡轮大厅

图 20-14　泰特现代美术馆，涡轮大厅

泰特现代美术馆，涡轮大厅，伦敦（Tate Modern，London，2000 年）图 20-13、图 20-14

由雅克·赫尔佐格（Jacqes Herzog）和皮埃尔·德·梅隆（Pierre de Meuron）设计，建筑原是规模宏大的发电厂，巨大的涡轮车间被改造成既可举行小型聚会、摆放艺术品，又兼具主通道和集散功能的大厅。设计师在主楼顶部加盖两层高的玻璃体，为美术馆提供充足光线，也兼具咖啡区功能，该美术馆至今仍为伦敦文化最重要的标志体现之一。

KRUISHEREN 酒店，中区与夹层餐厅，荷兰马斯特里斯特市（Kruisheren Hotel，Maastricht，Holland，2005 年）　图 20-15、图 20-16

由亨克·沃斯（Henk Vos）设计，以 15 世纪的修道院与哥特式教堂为基础改建。教堂原本的“中殿”（即信众席）改造为前台接待区，布置了高档家具和一部透明的玻璃电梯。接待区上方架构着一夹层空间作为餐厅，用餐者可透过巨大的哥特式花窗俯瞰窗外街景。

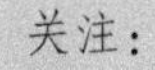

关注：

历史建筑大都包含文化发展的印记，经济发展带来的建设高潮所引发的环境问题也令人担忧。当代日渐关注旧建筑空间的保护与再利用。

图 20-15　KRUISHEREN 酒店，中区

图 20-16　KRUISHEREN 酒店，夹层

牛津马尔麦松酒店，室内公共区婚礼布置现场与酒吧（Malmaison Oxford）图 20-17、图 20-18、图 20-19

由 Jestico & Whiles 事务所设计，原空间为监狱，昔日的监狱牢房改建为现今的客房。

图 20-17 牛津马尔麦松酒店，婚礼布置
图 20-18 牛津马尔麦松酒店，酒吧
图 20-19 牛津马尔麦松酒店，走廊

旧纺纱厂改建的 LOFT 工作室，起居室与卧房，巴塞罗纳，西班牙（New York Style Loft in Downtown Barcelona，2000 年）　图 20-20、图 20-21

建筑师卡罗尔•波拉（Caroll Borra）和室内设计师米拉•艾伯拉茨里（Mila Aberasturi）为一个艺术家庭而设计，经改造后转变为一间工作室兼住宅。设计充分利用原空间的支撑拱创造了高挑的阁楼结构，双倍高度使二层可兼备工作室、主卧和面向室外的平台，一层卧室采用半透明隔墙任意分隔。室内随处可见手绘壁画，保持了空间固有的活泼。

LOFT 空间，兼具工作与居家，切尔西（Chelsea Loft）　图 20-22

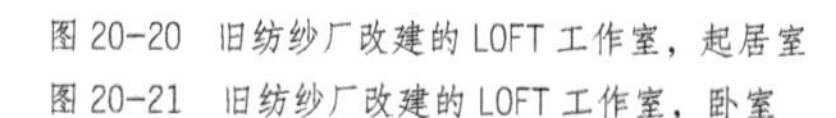

图 20-20　旧纺纱厂改建的 LOFT 工作室，起居室

图 20-21　旧纺纱厂改建的 LOFT 工作室，卧室

图 20-22　兼具工作与居家功能的 LOFT 空间

20.3 时尚跨界与品牌传达

当今的时尚设计很乐意去探究在服装设计、零售商店和室内设计之间的界限。例如越来越多的时装设计大师选择在面料之外的空间领域发挥自己的创意与灵感，表明时尚与室内设计之间可以瞬间变得息息相关，而室内设计也因此走进了更前沿的时尚领域，特别是酒店设计，因其对时尚的敏锐与开放，成为时尚设计师踏足跨界设计的理想领域。此外，越来越多的设计师期望通过室内设计来传达品牌的价值与吸引力，令室内设计在消费市场的其他领域占据了重要位置。可以看到，当今各大时尚品牌均倾情于大型旗舰店设计，借此提升自身的知名度与影响力。

图 20-23、图 20-24 小磨坊精品酒店，客房

小磨坊精品旅馆，客房，巴黎 Marais 街区（Hotel du Petit Moulin，Paris，2005 年） 图 20-23、图 20-24

法国时尚设计师克里斯蒂安•拉克鲁瓦（Cristian Lacroix）与建筑师凯比内特•文森特•巴斯特尔（Cabinet Vincent Bastie）合作设计，原空间为拥有300年历史的古旧建筑，仅含17间客房。室内充满了拉克鲁瓦特有的华丽拼贴风格，也是他自创品牌以来便一直坚持的。空间结构紧凑、曲折，每间客房都与众不同，如高级纹饰或禅宗风格，但都布置了设计师极具个人特征的华丽织锦与金色元素，各色图样相互撞击又彼此互补，使空间显得略有服装工作室的感觉。

图 20-25 范思哲宫殿，客房（一）
图 20-26 范思哲宫殿，客房（二）

范思哲宫殿，大堂与客房，昆士兰，澳大利亚（Palazzo Versace，Gold Coast of Queensland，Australia，2000 年） 图 20-25、图 20-26

由唐娜泰拉•范思哲（Donatella Versace）设计，建造选材刻意从意大利专运，强化酒店的意大利品牌内涵。整座酒店如同精品展示馆，室内的每件家具几乎都贴有“私人收藏”的标签，奢华夸张的手法略显庸俗，但却明确地表达出设计师的张扬个性，也预示着时装品牌酒店风潮的到来。

宝格丽饭店，大堂与客房，米兰（Bulgari Hotel，Milan，2004 年）图 20-27、图 20-28

由安东尼奥•西特里欧（Antonio Citterio）设计，表达在城市文化与珠宝故事之间建立起一种共生关系。设计在空间上固然注重能够与宝格丽相匹配的奢华感，但在选材上却表现出优雅与低调。客房陈设细致，采用铜网型窗帘丰富了原本单调的空间感，房间尺度极其宽敞，天花板高度几近 4.5m，使空间渗透着音乐般韵律感，同时体现“奢侈”的意义。

图 20-27 宝格丽饭店，客房
图 20-28 宝格丽饭店，大堂

图 20-29 维多利亚大酒店，客房走廊

维多利亚大酒店，大堂与客房走廊，佛罗伦萨（Hotel Vittoria，Florence，2003 年） 图 20-29、图 20-30

由菲伯•诺文伯（Fable Novembre）设计，以独特的螺旋造形为商业卖点，选用“碧莎”（Bisazza）公司的马赛克产品为表现材料。设计抬升了酒店入口，转变成铺满马赛克的螺旋通道，华丽的花卉图案为独特之处。此外，每间客房门都装饰城镀金画框，门面上完整展现了佛罗伦萨历史上著名的人物肖像。

Casa Camper 饭店，入口与前台，巴塞罗那（Casa Camper，Barcelona，2005 年） 图 20-31、图 20-32

由费尔南多•艾玛特（Fernando Amat） 和乔迪•缇欧 （Jordi Tio）设计，位于巴塞罗那著名的 Ramblas 大道上，积极表现稍纵即逝而又放荡不羁的青春热情，创造一种“旅途之美”，空间中刻意表现各种旅行元素，如大堂天花上悬挂着自行车，毛玻璃屏幕背后反射出行李的轮廓，互动与随意性贯穿于各个行走空间。

图 20-30 维多利亚大酒店，大堂入口

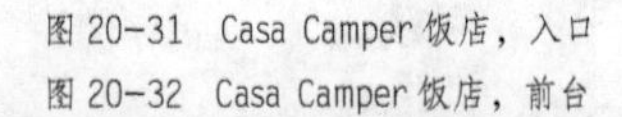

图 20-31 Casa Camper 饭店，入口
图 20-32 Casa Camper 饭店，前台

"锐步"全球总部办公楼，室内，波士顿（Reebok World Headquarters, Boston，2002 年）　图 20-33、图 20-34

NBBJ 建筑公司设计，内部的人行步道设计成跑道形状，整个室内空间呈现出光滑的流线型，各种不同的元素能够轻易地在区域间流动转换，大面积玻璃采光提供室内极其良好的照明环境。

图 20-33、图 20-34　"锐步"全球总部办公楼

Prada 纽约旗舰店，室内展区（Prada's high-profile New York Epicenter，2001 年）　图 20-35、图 20-36

由雷姆•库哈斯（Rem Koolhaas）率其合伙事务所 OMA 设计，也是该团队的一个重要项目。店面占据了一座建筑物一层和相邻建筑的一层地下室，两层空间相互平行却不重叠，仅通过地下室的一小部分连接。不利的结构条件却激发了创意，借助一个波浪形结构巧妙地利用了大部分空间。店内宽阔的台阶向下延伸作为过渡；波浪形结构用斑马线木板覆盖，适用于多种展示功能。

图 20-35、图 20-36　Prada 纽约旗舰店，展区

关注：

荷兰语Droog意为“干燥”，传达简单、清晰、不作虚饰的理念。团队于1993年在米兰国际家具展上初绽头角，后成为20世纪90年代以来最具革命性的设计组织，使荷兰占据设计界的重要一席。

“鸳鸯”旗舰店，室内展厅，巴黎（Mandarina Duck，Paris）图20-37

由荷兰著名设计团队Droog Design设计。“鸳鸯”为意大利知名想报品牌，室内打造古怪、不羁的设计风格，以面向一些特立独行的成年顾客。

碎布椅（Rag Chair） 图20-38

由提欧·雷米（Tejo Remy）设计，材料全部来自废弃的衣物及辅料，经过组合用带子捆绑在一起形成座椅造型，表达“可持续性”理念。

图20-37 “鸳鸯”旗舰店，楼梯造型

图20-38 碎布椅

瑞典家具连锁品牌“宜家”，室内卖场空间（IKEA）　图 20-39

宜家以“可持续性”理念为核心，秉承物美价廉的宗旨，在全球范围内建立起广泛的销售平台。家具大都以循环再生材料为基础，在外观与功能上兼具时尚与人性化，并普遍采用消费者自行组合拼装的方式最大化地降低成本与定价。轻便、廉价、美观、实用成为宜家家居吸引年轻顾客群的主要优势。

星巴克咖啡，室内（Starbucks）　图 20-40、图 20-41

咖啡连锁业的领军品牌，其成功部分归因于借助室内设计，通过突出各门店的自然天性，强化企业核心价值观。轻盈的爵士背景音乐，随意翻看的报刊杂志，年轻或年长的顾客均可闲适自在享受广告语中所谓的“享受星期八”或“你的第三空间”。整体用色统一的木质装饰使店堂环境显得文雅、成熟。此外，另一重要关键在于打造了主流消费群的心理：享用星巴克时光成为一种生活品质与时尚的表达。

图 20-39　宜家卖场空间

图 20-40、图 20-41　星巴克咖啡连锁室内

20.4 交通领域的新探索

全球化的品牌理念也影响到了运输业的室内设计领域。以船舶为例，其实早在航空业蓬勃发展到来之前，海洋邮轮一直是当时最为普遍的国际旅行方式。但船舱的内部设计作为一种特殊领域，相较于地面建筑的室内空间往往受到更多的限制，更需突破性设计。而这种突破在航空业表现得尤为明显，以“维珍”（Virgin）为例，这个曾经依靠出售产品和各式服务的品牌公司，却在20世纪80年代推出旗下新产品“维珍大西洋航空”（Virgin Atlantic Airways），与当时资深的英国航空公司（British Airway）直接较量。此外，在奢侈消费市场中，有一项正在快速发展的设计类型——游艇设计。意大利在该领域的发展一直处于领军地位。久远的文化渊源并不影响意大利人对新事物的兼容并蓄，敏锐的触觉在游艇设计领域表现得十分杰出。游艇室内与一般船舱空间最大的不同在于，不论是视觉上还是触觉上，都以满足使用者纯粹享乐为基本原则，故设计会带来极为与众不同的体验。

图 20-42 丘纳德航运公司游轮，外观

“丘纳德”航运公司游轮，外观 图 20-42

伊丽莎白女王号，内舱楼梯厅（Queen Elizabeth） 图 20-43

隶属于英国“丘纳德”航运公司旗下。

图 20-43 伊利莎白女王号，内舱楼梯厅

玛丽皇后二号，外观（Queen Mary 2，2004 年）　图 20-44

玛丽皇后二号，内舱套房（Queen Mary 2，2004 年）　图 20-45

英国“丘纳德”航运公司（Cunard Line）旗下豪华游轮，由瑞典“蒂尔贝格”设计事务所（Tilberg Design，Sweden）设计。游轮内部设置了六层通高的中庭景观、赌场和各式各样的娱乐空间，是近年来最具盛名的豪华邮轮之一。

关注：

在 20 世纪 50 年代末的大规模航空运输业出现之前，海洋邮轮是当时最为普遍的国际旅行方式。因此，邮轮的内部设计往往象征着邮轮持有国的民族特性，其中以英国最为典型。

图 20-44　玛丽皇后二号，内舱套房

图 20-45　玛丽皇后二号，外观

图 20-46 维珍大西洋航空，机舱设计

图 20-47 维珍大西洋航空，机舱吧台

维珍大西洋航空，机舱设计与吧台（Virgin Atlantic Airways）

图 20-46、图 20-47、图 20-48

维珍大西洋航空的结构内部的设计团队运用独创性的方式，解决了飞机内舱设计一直以来难以解决的问题：如何在空间极为有限的机舱内设置舒适的床位。这些床位均由座椅转换而成，只要轻摸按钮，外部包有皮质软垫的椅子便展开成床位，椅子（或者说床）的另一边则覆盖泡沫避免乘客头部碰擦。此外，在头等舱位还专门设有吧台区域供乘客享用。

图 20-48 维珍大西洋航空，机舱设计

“沃利”游艇，外观与内舱（Wally）　图 20-49、图 20-50、图 20-51

豪华游艇品牌之代表，由卢卡•巴萨尼（Luca Bassani）创建。知名型号“118 Wally Power”由建筑师克劳迪奥•拉扎里尼（Claudio Lazzarini）与卡尔•皮克林（Carl Pickering）合作设计，采用玻璃结构来替代过去的船舱构架，整体覆盖在木质甲板层之上，舱内空间在视觉上与外界几乎通透，完全有别于传统概念。

今天的设计，在很多时候已超越了自身的功能限制，相比起实用主义，人们更愿意以自我意识主导日常生活。更重要的是，在一系列的趋势转变中，当代室内领域滋生出越来越广泛的交叉与互动，很难将任何一种类型加以严格的区分，而界定一种设计也往往显得不那么单一了。当简单的空间在设计手段下呈现出更加舒适、更为愉悦的环境时，转变带来的结果无疑是正面的。尽管设计永远生存在批评与改善之中，但当代的设计师们无须在各种风格类型中犹豫决断，因为历史告诉我们，所有的尝试都如同第一次打开潘多拉的宝盒，畏惧无法使设计者的思想像今天这般自由而开明。同样的，我们也无法质疑或预言任何一种风格的将来，正如曾经饱受压力的现代主义一样，事实上，现代主义不但存活了下来，还在各种舆论与限制下发展得欣欣向荣。

图 20-49　游艇 118 Wally Power，外观

图 20-50、图 20-51　沃利游艇，卧室舱

参考文献

[1] 约翰·派尔著 . 刘先觉，陈宇琳等译 . 世界室内设计史（原著第 2 版）. 北京：中国建筑工业出版社，2008.

[2] 朱淳等 . 室内设计简史 . 上海：上海人民美术出版社，2007.

[3] 杨冬江 . 中国近现代室内设计史 . 北京：中国水利水电出版社，2007.

[4] 杭间等 . 包豪斯道路 : 历史、遗泽、世界和中国 . 济南：山东美术出版社，2010.

[5] 吴家骅，朱淳 . 环境艺术设计 . 上海：上海书画出版社，2004.

[6] Susan Yelavich. Contemporary World Interiors. London：Phaidon Press, 2007

[7] Charles McCorquodale. The History of Interior Decoration. London：Phaidon Press, 1983

[8] Quinn Bradley. Mid-Century Modern: Interiors, Furniture, Design Details. London：Conran Octopus, 2006

[9] John Pile. A History of Interior Design. New York City：John Wiley & Sons Inc, 2013

[10] Jeannie Ireland. History of Interior Design. London：Fairchild Books, 2009

[11] Anne Massey. Interior Design Since 1900（Third Edition）. London：Thames & Hudson, 2008

[12] Mario Praz. An Illustrated History of Interior Decoration: from Pompeii to Art Nouveau. London：Thames & Hudson, 2008

[13] Anne Bony. Furniture and Interiors of the 1960s. Paris：Flammarion, 2004